LE

NEWTONIANISME POUR LES DAMES,

ou

ENTRETIENS

SUR LA LUMIERE, SUR LES COULEURS, ET SUR L'ATTRACTION.

Traduits de l'Italien de M. ALGAROTTI.

Par M. *DUPERRON DE CASTERA*.

TOME II.

A PARIS,
Chez MONTALANT, Imprimeur-Libraire, Quay des Augustins, à la Ville de Montpellier.

M. DCC. XXXVIII.

Avec Approbation & Privilege du Roy.

LE

NEWTONIANISME POUR LES DAMES.

IV. ENTRETIEN.

Eloge de la Physique Experimentale.

Exposition du Systême Newtonien sur l'Optique.

LOIN des fâcheux & des Poëtes nous continuâmes tranquillement nos Entretiens dès le jour suivant. Je dis à la Marquise : Il est tems, Madame, que je vous mene dans le sanctuaire de la Philosophie ; c'est un lieu ſacré, qui n'admet ni les profanes, ni les têtes pleines de Tourbillons, de Globules, d'Atômes, de Matiere ſubtile, ou d'autres chimeres pareilles.

Vous allez voir une Philoſohie, qui ne donne point dans le faſte, mais en récompenſe, elle tient tout ce qu'elle promet; elle ſe contente de faire avec ſimplicité l'Hiſtoire de la Phyſique, & laiſſe à d'autres le ſoin d'en faire un Roman pompeux.

Déja vous avez vû un eſſai de cette Philoſophie modeſte dans la maniere d'expliquer la Viſion, comme vous avez vû dans le Syſtême des Tourbillons l'audace de cette autre Philoſophie préſomptueuſe, qui s'éleve juſqu'aux premieres cauſes, & qui bâtiſſant le Monde ſur des principes imaginaires, ſe flatte d'en développer à ſon gré tous les Phénomenes.

L'extrême reſſemblance de l'œil avec la Chambre obſcure, peut nous faire eſperer que déſormais les Philoſophes s'accorderont toujours dans la maniere d'expliquer la Viſion ; mais à l'égard de pluſieurs autres qualités des corps, telles que le poids, la dureté, la Lumiere, & les Couleurs, nous devons appréhender qu'il n'en ſoit pas de même : ces qualités ont des cauſes *abſtruſes*, qui ſouvent ne nous laiſſent que le privilége de deviner, & vous ſçavez combien il eſt dangereux d'oſer deviner la Nature, lorſqu'elle veut nous cacher ſa marche.

Le malheur des Globules & des petits Tourbillons doit vous rendre circonſpecte ſur pareille matiere ; ces deux Syſtêmes ont regné, & regné au milieu des applaudiſſemens ; enfin, on y renonce, parce que la Nature vient les démentir.

Figurez-vous que toutes les hypotheſes générales, qu'on a données juſqu'à préſent ſur les cauſes premieres, ſont tombées dans le même malheur : telles à peu-près que les Empires trop étendus, on les voit chanceller & ſuccomber tôt ou tard ſous le poids de leur grandeur demeſurée.

Ainſi, Monſieur, cet agréable *pourquoi*, qui réveille & qui flatte notre curioſité, demeurera toujours caché pour nous; jamais les Philoſophes ne devineront rien; les voilà ſevrés d'un plaiſir, que le vulgaire goûte tranquillement; en verité vous les mettez dans une ſituation bien dure.

Suivant l'opinion d'un Ecrivain des plus ingénieux, lui répliquai-je, il n'eſt permis de deviner que dans la Géométrie, parce que ſi dans cette Science la certitude des principes ne nous mene pas directement au point, que nous cherchons, jamais du moins elle ne nous offre rien de contraire; quelqu'équivalent nous récompenſe toujours de nos peines.

Mais quelle incertitude! quelle inconſtance dans la Phyſique! les uns ſoûtiennent qu'il y a du vuide ou des eſpaces qui ne ſont remplis d'aucun corps, d'autres veulent que tout ſoit plein, & le vuide n'est pour eux qu'une chimere.

Cette diversité d'opinions dans les principes, est une source intarissable de questions frivoles dans les progrès; les doutes s'accumulent, on va jusqu'à disputer sur l'essence, ou sur la nature du corps, & il paroît pourtant que rien ne devroit être plus évident ni plus certain dans la Physique, car le corps & ses propriétés sont l'objet perpétuel des recherches du Physicien.

Tous ces Philosophes présomptueux sont comme les *Erudits*, qui s'occupent à réparer le texte des anciens Auteurs : l'un nous donne un passage rhabillé de telle & telle maniere; l'autre nous le présente différemment, chacun nous allegue les plus belles raisons du monde, chacun remporte tour à tour les suffrages des Sçavans & des Journalistes.

Survient un vieux Manuscrit tiré du fonds de quelque Bibliotheque; alors le vrai ſens de l'Auteur ſe découvre, toutes les imaginations des Scholiaſtes, & tout le temps qu'ils y ont conſacré, s'en vont dans la Lune de l'Arioſte pour être miſes au nombre des choſes perduës ſur la terre. *

Les Manuſcrits originaux de la Nature ſont les Obſervations & les Expériences, qui en renverſant les plus beaux Syſtêmes, nous font voir qu'on ne s'y doit attacher que le moins qu'il eſt poſſible, c'eſt nous exempter d'une peine conſidérable, mais par malheur les hommes ne veulent pas reconnoître un ſi grand bienfait, ils s'obſtinent à perdre leur tems inutilement.

Voyez, s'écria la Marquiſe, le beau métier que font vos Obſervations! c'eſt aſſez qu'un Syſtême ſoit ingénieux, pour qu'elles lui déclarent la guerre: on pourroit les nommer *les*

* Cette fiction de l'Arioſte eſt rapportée ſi agréablement dans la pluralité des Mondes de M. de Fontenelle, qu'on n'a pas beſoin de l'aller chercher dans l'original Italien.

Erostrates de la Physique, puisqu'elles ne cherchent à s'illustrer qu'en détruisant tout ce qu'il y a de plus brillant dans cette Science ; un caractere si malin ne sçauroit être de mon goût.

Que penseriez-vous donc, Madame, si je vous disois tout ce que les Observations sont capables de faire ? Aucun Systême sans doute ne parut jamais mieux fondé que celui qui donnoit des aîles aux Animaux pour voler, & des jambes pour marcher ; cependant à force d'observer la Nature, on a trouvé des Insectes qui avoient des aîles, & qui ne voloient point ; on en a connu d'autres, qui ayant des pattes bien formées & bien placées, ne laissent pas de marcher presque toujours sur le dos.

J'avouë pourtant que nous aurions peu sujet de nous loüer des Observations, si elles ne servoient qu'à détruire ; mais en renversant des Systêmes captieux, inutiles & souvent incommodes, combien de belles connoisſances ne nous ont-elles pas procurées ?

Quelques Philoſophes mélancoliques ſe ſont imaginés que les rayons de la Lune étoient humides & froids, que par conſéquent ſes influences étoient fort dangereuſes, & qu'on devoit les éviter avec ſoin.

Fondées ſur cette vieille erreur ; pluſieurs perſonnes quittent encore aujourd'hui la promenade, & courent ſe renfermer dans leurs maiſons, dès que les rayons de la Lune commençent à briller. D'autres ſe plaignent d'avoir la tête appeſantie, pour peu que par haſard la malignité de cette lumiere les ait frappés quelque-tems.

Grace au Ciel, on a fait des Expériences, qui nous permettent de nous promener à toute heure ſans craindre cette prétenduë malignité. Les rayons de la Lune recueillis dans un Miroir ardent, ou dans un verre convexe, n'operent aucun effet ſenſible ſur le corps, & cependant ils ſont alors deux mille fois plus condensés que dans le vague des airs.

Un Thermométre, dont la liqueur se restraint au moindre froid, & se dilate au moindre chaud, ne souffre aucune altération dans le foyer de pareils Miroirs exposés aux rayons de cette Planette.

Au contraire, sous les rayons du Soleil ces mêmes Miroirs allument un brasier, dont les plus violentes fournaises ne sçauroient égaler l'ardeur; l'Amiante, qui bravoit les flâmes des buchers anciens, ne tient pas contre ce feu ci. *

On peut inférer de tout cela que les rayons de la Lune servent uniquement à nous éclairer pendant la nuit, ou bien quelquesfois à verser dans nos cœurs une douce tristesse & des lan-

* Presque tout le monde sçait que l'Amiante est une pierre filandreuse, dont les Anciens faisoient de la toile, & que cette toile, dont ils envelop-poient les morts, ne se consumoit point; ils s'en servoient pour empêcher que les cendres du corps ne se mêlassent avec celles du bois.

gueurs passionnées, qui font les délices du tendre amour. Mais il n'y a là-dedans aucune malignité.

Passe pour ces Observations-là, Monsieur, elles me paroissent assez bonnes, elles ne déshonorent point les beaux Systêmes ; d'ailleurs, nous y gagnons considérablement, puisqu'elles nous sauvent tant d'inquiétudes mal fondées.

Nous devons à cet esprit d'Observation, continuai-je, le bonheur d'être délivrés de plusieurs autres craintes beaucoup plus importantes. Les pluyes de sang, les Cométes, les Colonnes de feu, les Feux folets étoient autant d'infaillibles présages de la colere du Ciel ; maintenant ce ne sont que d'innocens jeux de la Nature, qui ne dérobent rien à notre tranquillité ; ou bien, si quelqu'un s'en inquiéte encore, c'est une espéce de personnages, qui seront toujours peuple, & auxquels un autre peuple fera toujours valoir l'idée de la superstition.

Nous ne finirions point, s'il falloit rappeller tous les avantages que les Obſervations nous procurent. Grace au ſecours des Obſervations l'Aſtronomie, l'Anatomie, l'Hiſtoire naturelle paroiſſent plûtôt des Sciences nées chez les Modernes, que des Sciences tranſmiſes par l'Antiquité.

L'Anatomie doit aux découvertes des Obſervateurs la circulation du ſang, & mille autres ſecrets, qui échappoient aux Anciens dans l'inſpection des organes.

Aux mêmes découvertes la Chymie doit ſes Phoſphores, l'Aſtronomie ſes prédictions exactes, l'Hydroſtatique une commodité pour reſpirer dans l'eau, l'Acouſtique ſes portes-voix, ſes inſtrumens divers, ſon projet d'égaler la perfection de l'oüye avec la perfection de la vûë, l'Optique ſes Lunettes, ſes Miſcroſcopes, ſes Chambres obſcures, ſes Lanternes magiques; enfin tant d'autres inventions utiles, ou agréables.

Toutes ces inventions étoient ignorées dans les premiers âges du Monde, la disette des moyens, la superstition, la crédulité, l'habitude infortunée de preferer le merveilleux au vrai, formoient des barrieres insurmontables contre le progrès des Sciences.

Combien de Richesses n'a-t-on pas trouvées dans l'Histoire naturelle, depuis que les Philosophes ont eu le courage de rejetter les chimeres des Anciens? Autrefois le merveilleux étoit faux, maintenant il s'accorde avec la verité, tout est prodige, tout est vrai.

De quelque côté que nous tournions les yeux, nous n'appercevons qu'objets admirables, nouvelles manieres d'engendrer, de respirer, de voir & de vivre; nouvelles organizations, nouvelles societés que nos Ancêtres ne connoissoient pas.

Nous connoissons des Animaux qui n'ont aucun sexe, d'autres qui les ont tous deux ſans pouvoir ſe perpetuer par eux-mêmes, & d'autres qui ſe ſuffiſent pour donner le jour à leurs ſemblables.

Notre raiſon & nos lumieres ont gagné infiniment à conſiderer les proprietés des Bêtes : les Arts ſe ſont perfectionnés par d'heureuſes Obſervations ſur quelques Animaux, qui ne paſſoient que pour le rebut de la Nature.

Les Araignées ont fourni à nos Manufactures une nouvelle ſoye, & les œufs d'un certain poiſſon, qui nous eſt inconnu juſqu'à préſent, pourront nous donner avec peu d'appareil une pourpre, dont l'éclat ne ſera point inférieure à l'ancienne pourpre de Tyr.

Vous parlerai-je des Expériences qu'on a faites ſur la peſanteur de l'air, ſur la force avec laquelle il ſe dilate, *

* L'Auteur ajoute que ces Expériences ont été nommées *les Merveilles de Magdebourg*. J'ai retranché cette particularité, parce que je n'ai pas ſçû

ſur l'équilibre des fluides, ſur la végétation & la culture des Plantes.

Non ſeulement ces Expériences diverſes flattent notre curioſité ; elles ſont encore les ſources de pluſieurs inventions qui nous ont rendu la vie plus agréable ; votre jardin leur doit les jets d'eaux, & le doux murmure des fontaines, dont il eſt orné.

Par une ſuite de ces mêmes Expériences, les Tables du Septentrion ſont chargées de fruits délicieux, que la Nature avoit confinés dans un Hemiſphere plus chaud. L'Orange de la Chine tranſplantée dans le Portugal nous rafraîchit au milieu des ardeurs de l'Eté, & les Vignes du Rhin portées ſur les brûlans Rochers des Canaries, produiſent un Nectar plus charmant pour nos Déeſſes, que le Nectar des Dieux d'Homere.

l'inſérer dans ma phraſe ſans faire languir le diſcours François : au ſurplus, ces Expériences furent faites premierement par le ſçavant Otthon de Guericke Conſul de Magdebourg ; mais la peſanteur de l'air n'eſt pas une découverte nouvelle, Ariſtote & pluſieurs autres Anciens l'avoient reconnue.

Comment donc, reprit-elle; nous allons de mieux en mieux! N'eſt-ce point là le Raiſin de la Terre promiſe? Nous ſommes à la campagne, vous ſçavez que je m'y plais, & vous voulez ſans doute me gagner par l'eſpoir des avantages que l'Agriculture peut tirer des Obſervations? Tout cela auroit été fort bon pour ces Anciens Conſuls qui labouroient eux-mêmes leurs champs en ſortant des honneurs du Triomphe.

Si j'avois deſſein, Madame, de vous gagner dans ce goût-là, je vous parlerois des Arts nobles dont vous êtes amoureuſe. Vous admirez la délicateſſe des linéamens & le bel air de viſage dans la Meduſe de Strozzi; vous cheriſſez l'exacte gradation de la colere d'Achille, la force & la varieté des paſſions de la Caſſandre chef-d'œuvre du Timothée de nos jours*, la

* Il y a *timoteo* dans l'Italien. J'ignore quelle eſt le Peintre ou le Sculpteur, dont M. Algarotti parle dans cet endroit, & je ne connois pas d'avantage

majeſtueuſe ſolidité du Portique de la Rotonde, l'agréable maniere du Guide, & le coloris de Rubens, il faut que vous rendiez grace de tout cela aux Obſervations, c'eſt un tribut que vous leur devez.

Daignez, Madame, continuai-je, vous rappeller toutes les beautés nouvelles, dont le Tréſor de la Peinture s'eſt enrichi par le ſecours des Obſervations ſur des Plantes & ſur des Animaux inconnus aux Anciens.

A force d'Obſervations, on a pénétré le ſecret des Vernis Orientaux, on les a imités, & par ce moyen on a perfectionné l'agrément des précieu-

l'ancien Timothée, auquel il fait alluſion. Raphael eut un Timothée d'Urbin pour diſciple; mais cet homme ne s'eſt pas rendu fort fameux. S'agiroit-il d'un Sculpteur Grec nommé Timothée, qui travailla au Tombeau de Mauſole? C'étoit ſans doute un excellent ouvrier, puiſque ſes Ouvrages méritoient de figurer à côté de ceux de Praxitele. Je ſens avec inquiétude qu'on pourra ſouhaiter que mon ingénieux Auteur eut pris la peine d'expliquer en marge certains traits d'érudition, qu'il mêle dans ſes diſcours. Tout le monde n'eſt pas obligé d'en ſçavoir autant que lui.

ſes

ſes bagatelles, que le faſte ou la volupté nous rendent néceſſaires.

Et la Poëſie même n'a t'elle pas trouvé une ſource de ſimilitudes & de deſcriptions brillantes dans les nouvelles découvertes ? On ne verra plus déſormais paroître à chaque inſtant *le Soleil, les Etoiles, les Bergers & les Tygres d'Hircanie* : ces métaphores ſurannées, ces lieux communs qui nous ennuyoient, ſeront remplacés par des images toutes neuves. *

* Ceci mérite explication. Le bon goût ſouffriroit, ſi l'on prenoit M. Algarotti au mot ſans aucune réſerve. Les nouvelles découvertes peuvent avoir de la grace dans certains Poëmes, & devenir ridicules dans d'autres : un Poëme didactique qui roulera, par exemple, ſur les égaremens du cœur, ſur la foibleſſe de l'eſprit humain, ou ſur quelqu'autre choſe pareille, pourra fort bien mettre en comparaiſon ou en deſcription les Teleſcopes, les Microſcopes, les Priſmes, les Machines pneumatiques, & tous les Inſtrumens divers, qui nous ont révélé tant de beaux ſecrets ; mais croira-t-on que des comparaiſons, ou des deſcriptions de cette eſpece figureroient noblement dans un Poëme Epique, dans une Eglogue, dans une Idyle, où toutes les images doivent être naturelles ? Ici le Poëte parle à tout le monde, & par conſéquent il faut qu'on puiſſe l'entendre ſans avoir étudié des Sciences ab-

Ce n'eſt pas tout encore : la propreté, le bon goût dans la maniere de s'habiller, le ſoin qu'on prend de ſoi-même, en un mot le plus charmant de tous les Arts, puiſqu'il donne de l'éclat aux attraits naturels, un Art, dis-je, ſi flatteur & ſi doux s'eſt illuſtré par les Obſervations délicates qu'on a faites ſur les choſes les plus capables de plaire.

Autre fruit des Obſervations : la beauté même, le plus agréable préſent du Ciel, ne ſeroit ſouvent qu'un préſent inutile, ſi l'Art n'avoit pas trouvé le moyen de nous procurer certaines maladies.

Cet Art, quoique ſingulier, quoique terrible en apparence, n'en eſt pas moins ſalutaire. Combien de Circaſſiennes, que de belles Angloiſes doivent la conſervation de leurs charmes à l'inſertion de la petite verole, qu'une main induſtrieuſe leur fait dès

ſtruſes, telles que les Mathématiques, la Phyſique, & la Géométrie.

leur plus tendre jeunesse ! Sans un pareil secours les premieres verroient plus rarement à leurs pieds le Maître du Serrail, & les secondes auroient peut être moins d'ascendant sur des cœurs nez pour la liberté. *

* Tout cela est dit avec beaucoup d'agrément, mais sans preuve. L'insertion est dangereuse, parce que quand elle ne causeroit jamais la mort, elle peut laisser dans la masse du sang un venin, qui sera la source de mille autres incommodités longues & funestes : mais il n'est point vrai que cette opération ne hâte jamais la fin de nos jours : elle se fait ou sur des gens en bonne santé, ou sur des personnes qui ne se portent pas bien : celles-ci en meurent presqu'inévitablement, ainsi qu'on l'a vû arriver dans Constantinople aux dépens de plusieurs enfans attaqués de différens maux, nul n'en réchappa. Sous le Regne de Loüis XIV. on essaya ce terrible remede dans Crémone sur treize Soldats François jeunes & vigoureux ; il y en eut six, qui guérirent avec beaucoup de peine : trois, qui n'eurent aucune eruption de pustules, & qui garderent le poison tout entier, quatre qui en furent les victimes : d'ailleurs, cette petite verole *artificielle* est plus contagieuse que l'ordinaire : on a observé qu'un Anglois d'auprès d'Hartford, auquel on l'avoit donnée, la communiqua à six autres, dont il y en eut un qui périt. Suivant cette observation, l'on trouvera par un calcul proportionnel, que la petite verole inserée à dix hommes pourroit dans Paris & aux environs en infecter 1999360. au bout de 80. jours, & n'en faisant succomber que la

Mais pour ne vous point parler de chofes, d'où vous pourriez croire que je tirerois trop d'avantage, pour ne vous plus parler de la Phyfique, où les Obfervations trouveront toujours de quoi briller, n'eft-il pas vrai que la Politique leur doit ce Gouvernement fage & lumineux, qui fait le bonheur du Nord, en conciliant la liberté du Peuple avec la fupériorité des Grands, & avec l'autorité du Souverain.*

fixiéme partie, on compteroit 466560. morts en trois ou quatre mois. Enfin, l'infertion eft inutile, parce qu'elle ne produit qu'une eruption médiocre, qui n'épuife pas le levain de la petite vérole, fi nous le portons en nous-mêmes, & qui par conféquent ne l'empêche point de revenir. Une belle & fçavante These de M de Santeüil Docteur en Médecine m'a fourni prefque tout ce raifonnement; j'en ai profité avec joye, perfuadé qu'on ne peut trop s'oppofer aux progrès d'une illufion fi périlleufe, & dont la pratique deviendroit criminelle. *Sant. Thef. Med. an variolas inoculare nefas? Wagftaf. litt. Baft. Script.. D. Dolbond. in denun. ad jud. Baft.*

* L'Italien préfente une expreffion dont j'ai crû pouvoir débaraffer le texte François : *quel faggio non ideale*, &c *Un Gouvernement fage & non idéal, qui rend les brouillards du Nord plus beaux que le Soleil du midy*. Par cet éloge figuré l'Auteur nous an-

N'est-il pas vrai que la Métaphysi-

nonce qu'il préfere au Gouvernement Monarchique, les Gouvernemens mêlés, où la Puissance est divisée entre le Prince, les Grands & le Peuple : mais pour décider d'un trait de plume cette question si fameuse, l'a-t-il bien examinée ? » Supposons que la puissance d'un Etat soit de dix degrés, » que le Monarque ne soit dépositaire que de cinq, » que la Noblesse en ait deux & le Peuple trois, il » sera moralement impossible que les trois portions » de ce pouvoir ne reçoivent alternativement quel» qu'atteinte. Tantôt un homme audacieux trou» vera le moyen de réünir les Grands & le Peuple ; » on répandra du sang, & le Monarque, ou les » Grands, & le Peuple seront opprimés. Quelques» fois le Monarque s'attachera les Grands par ses » faveurs, & le Peuple en souffrira : d'autres cir» constances réüniront le Roy & le Peuple, & voi» là la Nobl sse aux fers. Qu'on ne dise pas que le » dépositaire de cinq degrés n'a qu'à se renfermer » dans les bornes de son pouvoir, le Peuple en » voudra quatre, & la Noblesse trois : il faudra » que le Monarque intervienne avec ses cinq de» grés, & par le parti qu'il sera forcé de prendre, la » chymérique balance s'évanoüira. En un mot, le » partage de la Souveraineté est un principe né» cessaire d'altération & de maladie : loin de met» tre un équilibre entre les Puissances, il en cause » le combat perpetuel, jusqu'à ce que l'une ait ab» batu l'autre, & qu'elle ait tout réduit au Gou» vernement Monarchique, ou à l'Anarchie. » Ces réfléxions m'ont été communiquées par un illustre ami. Son Ouvrage, qui est le fruit de trente ans d'étude, verra bientôt le jour. *M. de Real Grand Senéchal de Forcalquier. Introduc. à la Scienc. du Gouvernem.*

que, ce labyrinthe autrefois si dangereux pour la raison, leur doit un Systême certain sur l'origine & sur les progrès de nos idées ? Comment s'est débroüillé le cahos de la Chronologie & de l'Histoire, si ce n'est par les Observations de Newton ?

Newton *cet homme divin, qui peut passer pour le Fondateur des Sciences.* Newton en observant le cours de la Nature, plaça les faits historiques dans un ordre convenable ; il rapprocha certaines époques, autrefois trop divisées par l'ignorance, ou par l'orgueilleuse temerité des Auteurs ; en un mot, tel qu'un Géographe éclairé qui nous marqueroit au vrai les bornes de la Terre ; il arrangea tous les évenemens dans leur juste position. *

* M. Newton fut sans doute un excellent homme, mais en qualité d'homme il avoit son fort & son foible ; son fort étoit la Géométrie ; son foible paroît dans les discussions Chronologiques : on l'a déja remarqué : le Père Petau triomphe dans cette partie des Sciences, aussi-bien que dans plusieurs autres genres, & notre illustre Anglois ne lui a pas encore enlevé le moindre de ses lauriers.

Guidé par son Génie Observateur, il nous déploya, suivant l'expression d'un de ses Compatriotes, *le brillant manteau du jour.* Il nous révéla les propriétés de la Lumiere & des Couleurs; il nous montra le vrai & le réel, sans se soucier d'établir, comme font les Cartésiens, un Systême imaginaire pour nous en expliquer les causes.

Vous allez voir, Madame, un Monde tout neuf, tout enrichi des plus belles verités, c'est Newton qui l'a découvert, & vous n'y trouverez aucune trace des Philosophes précédens.

Son Traité d'Optique lui coûta trente ans de recherches & d'étude; la bonne Philosophie n'a point de meilleur modele; une seule de ses Expériences nous donne plus de lumieres que ne pourroient nous en donner tous les Systêmes les plus brillans & les plus ingénieux.

Dans les Dogmes de Newton

vous vous contenterez de la verité toute simple, & vous prendrez du goût pour elle. Une Colonne Antique, fut-elle d'une pierre des plus abjectes, plaira d'avantage aux yeux d'un Connoisseur, & servira beaucoup plus à perfectionner l'Architecture moderne, que ne feroient les vains amas d'Emeraudes & de Diamans, dont les Poëtes remplissent les Palais de leurs Fées.....

Mais, Monsieur, écoutez donc: quelque bien proportionnée que soit cette Colonne Antique, votre Connoisseur n'en admirera point les beautés, s'il ne sçait pas premierement en quoi doivent consister les beautés d'une Colonne, & quelles sont les causes qui la rendent de bon ou mauvais goût.

Partons de là, je vous prie, & montrez moi de grace comment nous pouvons raisonner juste sur la Lumiere & sur les Couleurs sans connoîtrè leurs causes naturelles dont vous avoüez que

que le Philosophe Anglois ne dit mot ?

Descartes nous dit que les Rayons rebondissent de dessus les corps, & je le comprends fort bien, quoique son systême soit disgracié : pourquoi le comprends-je si facilement ? Parce qu'il m'a d'abord enseigné qu'un Rayon n'étoit qu'un filet de Globules. Mais par quel miracle concevrai-je vos nouvelles découvertes sur la Lumiere, si vous me laissez ignorer ce que c'est que la Lumiere même ?

Qu'y a-t'il de plus impénétrable, lui repliquai-je, que la Nature & les causes du mouvement des Muscles dans notre corps ? En vain les Philosophes prétendent raisonner sur pareille matiere, toutes leurs raisons n'aboutissent qu'à nous jetter dans l'incertitude. Cependant un excellent Peintre, un Michel Ange fondé sur des Observations réïterées n'auroit pas manqué de nous dire que quand nous faisons tel mouvement ou tel effort, certains Mufcles doivent fe hauffer & paroître, d'autres s'abbaiffer & rentrer dans la maffe ; en forte qu'il n'eft point d'attitude fi étrange, où [illegible]n'eut deviné leurs jeux divers & infinis ; on en peut voir la preuve au Vatican dans le Tableau du Jugement dernier.

L'Aiman eft un fecret de la même efpece ; fa Nature & les caufes de fes effets merveilleux font pour les Philofophes, ce qu'eft la Langue Punique pour les Perfonnes d'érudition.*

Malgré cette ignorance on découvre avec plaifir & même avec utilité plufie[illegible] proprietés de l'Aiman ; on fçait qu'étant armé d'Acier, il attire

* Toutes les Dames ne font point obligées de fçavoir ce que c'eft que la Langue Punique C'eft la Langue des anciens Carthaginois ; elle eft entierement morte, ou s'il nous en refte quelques mots répandus dans certains Livres Latins & Grecs, les Erudits n'en font gueres plus avancés pour développer quel étoit fon génie & fon caractere. L'Auteur veut que les caufes du magnétifme ne foient pas moins impénétrables, nos Philofophes François penfent autrement.

une plus grande maſſe de Fer, que lorſqu'il eſt déſarmé.

On ſçait auſſi que d'un côté l'Aiman attire une autre Pierre d'Aiman, & que d'un autre côté il la repouſſe; enfin, on ſçait qu'il dirige conſtamment ſes poles vers les poles de l'Univers, & de cette connoiſſance, qui ouvre à la Phyſique une vaſte carriere de vérités nouvelles, provient l'invention de la Bouſſole ſi néceſſaire dans les Voyages de long cours.

Daignez m'en croire, Madame; obſervons, cherchons toujours attentivement les proprietés ſecrettes, les proprietés Elémentaires, primitives, & d'où dépendent toutes les autres. C'eſt le ſeul & vrai moyen de connoître la Nature autant que notre foibleſſe nous le permet.

Juſqu'à préſent vous avez vû dans différens ſyſtêmes les modes bizarres, qui ont regné ſucceſſivement dans l'Empire de l'imagination, où leur faux brillant ſéduiſoit l'orgueil & la crédulité du vulgaire. Maintenant Newton vous amene la Lumiere & la vérité, qui vont vous parler avec candeur.

Ecoutons-les, dit la Marquise en souriant, je souhaite de tout mon cœur qu'elles puissent dissiper les ténébres qui m'offusquent encore, vous m'annoncez une nouvelle vie Philosophique, il me sera doux d'en jouir sous les auspices de la vérité.

Un Rayon de Lumiere, comme je vous le disois dernierement, Madame, quelque délié, quelque subtil qu'il nous paroisse, n'est qu'un faisceau d'une infinité d'autres Rayons, qui n'ont pas chacun la même couleur, quoiqu'en général tout le Rayon porte une teinte blanchâtre. Les uns sont rouges, les autres orangés, les autres jaunes, d'autres verds, d'autres azur, d'autres indigo, & d'autres violets.

Tous ces Rayons de différentes Couleurs s'appellent des Rayons primitifs & homogenes. Mêlés l'un avec l'autre, ils forment un Rayon hetérogene ou composé qui est blanc, ou plûtôt tirant vers la couleur de l'or, comme on l'entrevoit dans un Rayon du Soleil.

Tel est, ou peu s'en faut, le mélange des Couleurs sur la Palette d'un Peintre; il en résulte une Couleur nouvelle, qui tient de toutes les autres en général, mais qui differe de chacune en particulier.

Voilà, Madame, sur quoi j'ai fondé l'expression de certains Vers que vous m'obligeâtes à vous réciter dans notre premier Entretien; vous comprenez présentement ce que signifient *la Lumiere d'Or & la Lumiere Septupliée.* *

* L'Auteur ajoûte ces paroles : *Come del nilo sidice, e degli scudi degli eroi guerrieri*, pour marquer qu'il a dit *la Lumiere septupliée.* Comme les Latins disoient, *Nilus septemplex* ou *septemfluus*, & en parlant de certains boucliers, *Clypei septemplicis orbes*, j'ai cru devoir supprimer cette phrase, qui n'est point nécessaire, & qui d'ailleurs roule sur une

Cette Lumiere Septupliée eſt l'inépuiſable tréſor de toutes les Couleurs, qui parent les différens objets répandus dans l'Univers; ſes Rayons n'empruntent la pourpre ou la beauté du Saphir, ni dans leur réfraction au travers d'un Priſme, ni dans leur réfléxion de deſſus les corps; mais venant du Soleil avec la chaleur & l'éclat qu'il leur donne, chacun d'entr'eux eſt orné d'une teinte brillante, que nos yeux n'apperçoivent pas.

En un mot, imaginez-vous, qu'un Rayon eſt l'aſſemblage d'une quantité prodigieuſe de filamens très-ſubtils, qui ont chacun leur Couleur immuable. Nous diſtinguerions cette Couleur, ſi nous la voyions ſéparée des autres, qui concourent avec elle pour former le coloris de la Lumiere.

Mais quelle ſera l'adreſſe du Phyſicien pour décompoſer ce Rayon total *& pour le diviſer en Rayons

Analogie, dont notre langue ne s'accommoderoit pas autant que la langue Italienne.

primitifs; en sorte que chacun d'entr'eux nous montre sa propre Couleur?

Il est certain que cette division ne s'opéreroit jamais, si les Rayons homogenes & primitifs n'étoient tous de nature à se briser, les uns plus, les autres moins, lorsqu'ils passent d'un milieu dans un autre, comme de l'air dans le verre ; car il n'y a que l'inégalité de réfraction qui puisse les désunir.

Newton découvrit cette réfrangibilité différente dans les Rayons différemment colorés, & fonda son systême sur elle ; l'expérience lui montra que les Rayons violets sont les plus réfrangibles de tous.

Ensuite viennent par dégrés les Rayons indigo, les Rayons azur, les verds, les jaunes, les orangés, & finalement les rouges, qui s'écartent moins que tous les autres..... Mais ne m'expliquai-je point avec trop d'obscurité; concevez-vous, Madame, ce que j'ai l'honneur de vous dire ?

Sans doute, me répliqua-t'elle. Je conçois fort bien que des Rayons de différentes couleurs peuvent avoir différens dégrés de réfrangibilité, je sens aussi que cette réfrangibilité diverse, qu'ils tiennent de la Nature, peut nous procurer le moyen de les séparer les uns d'avec les autres, & que sans cela nous ne les séparerions jamais.

Au surplus, vous me dites des choses étonnantes sur votre Lumiere Newtonienne. Il falloit un esprit bien grand & bien relevé pour faire ces découvertes-là, contentez mon impatience, donnez-moi des preuves, j'en ai besoin, je ne sçaurois vous le dissimuler.

D'abord j'ai embrassé l'opinion de Descartes, ensuite celle de Mallebranche, & maintenant avec vos Observations me voilà sans systême. Ce vuide me déplaît, j'attends d'autres Observations plus douces pour y suppléer.

Madame, l'Esprit Observateur vous dédommagera bien-tôt du chagrin qu'il vous fait, vous n'attendrez pas long-tems. Plût au Ciel qu'on remédiât toujours de même aux choses qui blessent votre goût !

Représentez-vous une chambre parfaitement ténébreuse, une chambre où regne *l'obscurité visible* de Milton, c'est-là que nous devons chercher la vérité.

On fait un trou à la fenêtre pour laisser entrer un Rayon du Soleil, on expose horisontalement à ce Rayon un Prisme de verre qui le réfracte.

Alors le Rayon rompu va frapper la muraille, vis-à-vis de la fenêtre, tellement qu'en sortant du Prisme il prend une direction presqu'horisontale & parallele au plancher de la Chambre ; au lieu que si rien ne l'écartoit de sa route, si rien ne le brisoit, il tomberoit sur le parquet même, où il peindroit une image blanche & presque ronde.

L'image que le Rayon brisé peint sur la muraille, est bien différente de l'image blanche & ronde qu'il traceroit sur le parquet, s'il y tomboit en droite ligne; celle-là porte la figure d'une fiche à jouer, beaucoup plus longue que large, & variée d'une infinité de Couleurs, entre lesquelles on distingue les sept Couleurs principales, que nous avons déja nommées plusieurs fois; elles sont rangées par dégrés les unes au-dessus des autres, toutes belles, toutes brillantes & dignes du pinceau de la Nature.

Le Pan étale aux yeux avec moins d'avantage,
La pompe & les trésors de son brillant plumage,
Et la céleste Iris sous un éclat moins pur
Présente à nos regards sa propre & son azur.

Ah! Monsieur, je suis bien-aise que le Tasse, qui avoit un peu blessé les loix de la réfraction, comme nous l'observâmes l'autre jour, se soit maintenant reconcilié avec l'Optique.

Et moi, Madame, je suis charmé de voir que vous concevez mes explications. Ces Couleurs dont l'image est teinte, sont disposées de maniere que le rouge est en bas; au-dessus du rouge paroît l'orangé, au-dessus de l'orangé le jaune, & successivement le verd, l'azur, l'indigo; enfin le violet, qui est le plus relevé de tous, & qui forme l'extrémité supérieure de la fiche.

Entre les Couleurs primordiales rangées de cette façon, on voit une infinité de Couleurs moyennes, qui se noyent doucement les unes dans les autres; le Correge, le Titien & la fameuse Rosalbe n'ont jamais lié leurs demi-teintes avec tant de délicatesse.

Pour expliquer un si grand Phénoméne, il faudra dire l'une de ces deux choses; ou que la Lumiere est composée de Rayons diversement colorés & diversement réfrangibles, qui séparés par le secours du Prisme nous montrent les différentes Couleurs, dont ils sont chargés. Ou bien qu'en traversant le Prisme la Lumiere y prend des Couleurs qu'elle n'avoit pas, &

que chaque Rayon se partage en plusieurs autres Rayons divergens, qui nous donnent une peinture oblongue, mais dont toutes les teintes ne sont que des teintes d'emprunt.

Un Philosphe nommé Grimaldi inventa & soutint ce dernier sentiment avant que Newton nous dessillât les yeux, & il appella son systême la dispersion de la Lumiere. *

Vous sentez bien, Madame, que si l'on n'admet pas la diverse réfrangibilité des Rayons, on sera contraint d'adopter cette dispersion de la Lumiere; car sans l'une ou l'autre, on ne sçauroit expliquer comment l'image du Soleil paroît longue & variée d'une infinité de Couleurs après la réfraction causée par le Prisme, au lieu

* François-Marie-Grimaldi de Boulogne sçavant Jesuite & grand Mathématicien, nous a laissé un Ouvrage posthume *de Lumine, Coloribus & iride*. Il mourut l'an 1563. C'étoit un excellent homme en toute maniere. En lisant attentivement son Traité on trouveroit qu'il n'a pas été inutile à Newton.

que sans la même réfraction elle seroit ronde & blanchâtre.

Quoi, Monsieur, on peut expliquer ce Phénoméne par la dispersion du Grimaldi! votre expérience, qui m'a coûté tant d'attention, ne suffit donc pas pour prouver l'inégale réfrangibilité des Rayons lumineux?

Oh bien! je voudrois quelqu'autre expérience, qui ne pût absolument s'expliquer que dans le systême de Newton, il me semble qu'alors je pourrois m'en contenter.

Ce que vous demandez, lui répondis-je, est nécessaire non-seulement pour prouver la différente réfrangibilité des Rayons, mais encore pour établir tous les autres principes de Physique. Une expérience qui s'expliqueroit également dans plusieurs systêmes divers, ne concluroit rien en faveur d'aucun d'eux.

Sans croire qu'il dût quelque jour contenter une si belle Dame, Newton a prévenu vos souhaits, quoiqu'en disent certains Auteurs, qui l'ont accusé d'avoir tiré de ses Observations plus de conséquences, qu'il n'étoit à propos ; faute considérable chez tout le monde, & principalement chez un Mathématicien.

On lui reproche d'avoir fondé l'inégale réfrangibilité des Rayons sur l'Observation précédente ; mais il dit au contraire en termes formels, que cette Observation ne suffit point, parce que l'image ornée de Couleurs prismatiques pourroit trouver sa cause dans la dispersion du Grimaldi, ou bien dans une varieté de réfractions faites au hazard, & d'où par conséquent l'on ne devroit rien inferer.

Par-là vous voyez combien Newton est scrupuleux dans ses raisonnemens. Autant qu'il montre d'exactitude & de sagesse, autant ses Adversaires montrent-ils de témerité.

Pour abattre le systême de la dispersion, & pour lever tout scrupule sur le cas fortuit, qui pourroit occaſionner les réfractions inégales, notre Philoſophe s'eſt aviſé de faire une autre experience, telle préciſément que vous la demandez.

Cette Image colorée, que les Rayons briſés nous peignoient ſur la muraille de notre chambre ténébreuſe, Newton la reçoit ſur la face d'un autre Priſme poſé verticalement.

Ainſi le Rayon rouge qui formoit la partie inférieure du Tableau, frappe tout de même le bas du Priſme, les autres ne gardent pas moins leur rang, & le violet prend le deſſus.

Comme le premier Priſme, qui eſt horizontal, réfracte les Rayons de bas en haut, le ſecond Priſme étant en pieds les rompra dans un ſens incliné vers la droite ou vers la gauche; enſorte que ſi d'abord ils alloient frapper directement la muraille oppoſée, maintenant ils ne la frappent qu'en biaiſant.

Cette nouvelle réfraction que les Rayons colorés vont eſſuyer en traverſant le ſecond Priſme, eſt préci-ſément le point qui doit décider en faveur de la diverſe réfrangibilité, ou de la diſperſion du Grimaldi, ou bien en faveur d'une inégalité de réfractions fortuites & caſuelles, qui ne s'accorderoient avec aucun ſyſtême.

Si l'Image du Soleil peinte par le premier Priſme, qui rompoit les Rayons de bas en haut, ne tenoit ſon *oblongitude* & ſes Couleurs que d'une diſperſion de Lumiere, ou d'une dilatation de chaque Rayon incident, une nouvelle réfraction faite de côté devroit à ſon tour dilater de travers les Rayons de cette image en la rendant auſſi large qu'auparavant elle étoit longue, en ſorte qu'il faudroit que ſur la muraille qui eſt derriere le ſecond Priſme, il parut une image nouvelle d'une figure preſque carrée.

Enfin; ſi l'image faite par le premier Priſme n'étoit oblongue & colorée qu'en vertu d'une inégalité de réfractions accidentelles, comment ſçavoir fçavoir quel auroit été l'effet bizarre de la feconde réfraction, que la Lumiere alloit effuyer?

Mais quelque chofe qu'en pareil cas eut produit le hazard, certainement fon effet ne devoit point s'accorder avec les vûës du fyftême Newtonien, fuivant lequel, fi l'image peinte par le premier Prifme étoit oblongue & colorée en vertu de la féparation des Rayons diverfement réfrangibles, une feconde réfraction faite de côté ne devoit qu'incliner cette image en lui laiffant toujours le même coloris & la même largeur.

Qu'entendez-vous par le mot *d'incliner*? me demanda la Marquife, voilà, je l'avoüe, un terme dont je ne fens pas trop bien la valeur dans cette occafion..... Vous le comprendrez bien-tôt, Madame; figurez-vous que tous les Rayons de l'image colorée iroient frapper prefque directement le mur s'ils n'étoient interceptés dans le fecond Prifme.

Or, si le second Prisme doit plus réfracter de côté, plus écarter de leur course directe, les Rayons violets que les Rayons rouges, ceux-là doivent frapper la muraille plus obliquement que ceux-ci; c'est-à-dire, que les violets doivent tomber sur un point plus éloigné du Prisme, que les rouges ne le seront; & les Couleurs intermédiaires tomberont aussi sur différens points entre le rouge & le violet; l'image paroîtra inclinée, & formera une espece de colonne pendante par son extrêmité supérieure.

Voilà ce qui doit arriver suivant le systême de Newton, & c'est ce qui arrive effectivement. J'ai eu la satisfaction d'en être plusieurs fois le témoin.

Allongez votre expérience, mettez un troisiéme Prisme, mettez en quatre, si le jeu vous plaît. Le succès ne démentira point notre Philosophie, & les réfractions multipliées tourneront à sa gloire; vous verrez que les

Rayons, qui seront les plus brisés dans le premier cristal auront le même sort dans tous les cristaux suivans, sans que l'image s'élargisse ou change de couleur.

Maintenant je vous conçois, reprit-elle, je sens que la Nature vient de prononcer son jugement décisif entre les trois systêmes, qui briguoient son suffrage ; C'est le Newtonien qui obtient la pomme d'or, & je vous avouë que dans mon cœur j'en suis bien-aise; car pour ne point parler de cette inégalité de réfractions accidentelles, qui ne meritoient pas la victoire, en vérité la dispersion du Grimaldi présentoit quelque chose d'embarrassant & de trop composé pour l'imagination.

S'il vous paroît, lui repliquai-je, que ce jugement de la Nature soit équitable, vous trouverez sans doute une bizarrerie extrême dans l'idée d'un certain Philosophe, qui prétend que Newton confirma par d'agréables expériences l'Observation du Grimaldi.

Hélas ! Monsieur, quelque singuliere que soit cette idée, je puis vous assurer qu'elle me surprend moins que le procedé du Grimaldi ; ne devoit-il pas tenter de vérifier sa dispersion par une expérience si facile & si simple ? Il ne lui en auroit coûté que de mettre un second Prisme après le premier ; chose qui paroissoit tomber naturellement dans l'esprit d'un homme, résolu de faire un systême.

Dites plûtôt, Madame, dans l'esprit d'un homme, qui étoit très-habile pour faire des Observations ; car faire des Observations & des Expériences, ou vouloir bâtir des systêmes, sont deux choses, qui ne s'accordent pas toujours ; au reste, il semble que les idées les plus simples sont souvent les plus difficiles à trouver, & par conséquent les dernieres, qu'on s'avise de chercher.

Par exemple, on diroit que la circulation du sang étoit une découverte, qui ne devoit rien coûter, & l'on auroit quelque sujet de s'étonner que les Anciens ne l'ayent pas connuë, puisque quand on fait une saignée au bras, les Artéres se gonflent depuis le cœur jusqu'aux extrêmités du corps, & les Veines depuis les extrêmités du corps, jusqu'au cœur. On pouvoit inferer delà que le cœur renvoyoit par le secours des Artéres ce qu'il recevoit par le canal des Veines, & poser sur ce fondement l'étroite communication des différens vaisseaux.

D'ailleurs la mort de Seneque fournissoit une expérience décisive aux Anciens; car il étoit impossible que tout le sang de ce Philosophe sortit par les ouvertures de quelques unes de ses veines, si celui des parties les plus basses n'avoit pas eu communication avec celui des parties supérieures; en un mot, s'il n'avoit pas circulé dans tout le corps. Vous voyez bien par-là que les Romains avoient beau jeu pour connoître la circulation du sang ; l'expérience leur offroit son flambeau tout allumé, au lieu que le Pere Grimaldi devoit entrer dans une carriere nouvelle, pour connoître la vanité de sa dispersion.

Il est vrai que quelques Partisans de l'antiquité prétendent trouver la circulation du sang dans Hippocrate *, ainsi qu'ils veulent que les inventions des Modernes, & toutes nos maladies ayent été connuës aux Anciens ; mais c'est comme si un Vellutello, ou quelqu'autre Commentateur de Petrarque, s'imaginoit voir le Systême de Newton sur l'Optique dans les Vers suivans.

C'étoit alors le jour de tristesse & de pleurs,
Où voyant expirer l'Auteur de la lumiere,
Le Soleil recula dans sa vaste carriere,
Et priva ses Rayons de toutes leurs Couleurs. *

* Il y auroit effectivement quelque ridicule à vouloir trouver le systême de Newton dans ces Vers de Petrarque ; mais il n'y en auroit point à

Oüi, je ne crains pas de le répeter, les choſes les plus ſimples ſont en général celles qu'on trouve le plus difficilement, & le plus tard .... cette maxime, dit la Marquiſe, ne ſe vérifie que trop à la Toilette ; ſouvent il nous en coûte beaucoup de peine pour imaginer une diſpoſition agréable, mais ſimple, dans la maniere d'arranger nos cheveux, & de placer nos mouches.

Suivant ce principe, ajoûtai-je, on diroit que les expériences du Philoſophe Anglois, devoient lui coûter beaucoup ; car ſi celle que je viens de vous expliquer eſt ſimple, agréa-

prétendre que pluſieurs fameux Anciens ont connu la circulation du ſang. Le ſçavant Pere Regnault prouve clairement qu'elle fut admiſe par Hippocrate, par Platon, & par Seneque ; ce ne ſont point là des réveries de Commentateurs ; on ſeroit bien autoriſé à dire que le Poëte Claudien connoiſſoit la proprieté de l'Aiman, parce qu'il a dit que l'Aiman attire le Fer. Tout de même on peut aſſurer qu'Hippocrate, Platon & Seneque connoiſſoient la circulation du ſang, parce qu'ils ont dit que le ſang circule. *Reg. orig. de la Phyſ. Tom. 1. p. 240. & ſuiv.*

ble, & décisive pour prouver la diverse réfrangibilité des Rayons ; toutes les autres, dont il s'est avisé pour parvenir au même effet, n'ont ni moins d'agrément, ni moins de force ; & cependant elles portent un air de simplicité, qui feroit croire que chacun auroit pû les imaginer comme lui.

Vous me faites trembler, Monsieur ; est-ce que cette expérience ne suffit pas, en faut il d'autres pour prouver la diverse réfrangibilité ? enfin me suis-je laissé persuader mal-à-propos ?

Une Dame aimable & spirituelle, comme vous, lui répondis-je, ne se laisse jamais persuader qu'à propos : tout ce qu'il y a, c'est que Newton ne veut pas que vous soyez si-tôt Newtonienne.

Cette expérience suffit sans doute pour prouver la diverse réfrangibilité des Rayons, mais non pas pour satisfaire un Philosophe, qui veut tenter la Nature en mille & mille manieres

nieres différentes, & la soumettre à mille épreuves, pour s'assurer de ce qu'il doit croire.

Ne diroit-on pas, Monsieur, que vous nous représentez la Nature sous les traits d'une vraie Coquette, & que vous donnez à Newton le caractere d'un jaloux, qui croit ne devoir jamais se fier à rien.

Au moins puis-je vous assurer, Madame, que la Nature fut toûjours l'objet de ses amours; je suis bien fâché de ne pouvoir pas vous expliquer toutes les expériences qu'il a faites dans ce goût-là, vous y verriez un tout le plus beau & le plus curieux, que la Philosophie ait jamais produit; mais vous en jugerez facilement par l'échantillon, comme on juge des Beautés de l'ancienne Rome par les Obélisques, & par les Amphithéatres qui nous restent.

Achevez, je vous prie, s'écria la Marquise, de me rendre Newtonienne; je vois bien que par ma conversion j'acquiers la connoissance de la vérité, sans perdre le plaisir que je trouvois dans les ingénieux mensonges de la Philosophie Romanesque.

Rentrons dans la chambre obscure, Madame; c'est un Palais consacré aux merveilles de l'Optique ; tendons-y un fil blanc horisontalement à l'égard de la fenêtre ; mais cependant un peu loin de la fenêtre même, & faisons entrer deux Rayons du Soleil par deux trous séparés l'un de l'autre. Nos deux Rayons étant réfractés par deux Prismes, peindront deux images colorées sur la muraille, qui est vis-à-vis.

Après cela, il faut se recommander au bon Génie, qui préside à l'Optique, & s'armer de patience, jusqu'à ce qu'enfin le fil soit illuminé & coloré, moitié par les Rayons rouges d'une des deux images, & moitié par les Rayons violets de l'autre.

Ensuite on couvre avec un drap noir la muraille, où ces mêmes images font tracées. Sans une pareille précaution le mur réfléchiroit des Couleurs qui troubleroient l'expérience. Nous n'avons maintenant besoin que des Couleurs du fil, elles doivent dominer toutes seules. Vous regarderez ce fil au travers d'un autre Prisme, que vous vous mettrez devant les yeux, & dont la position sera telle, qu'il fera paroître les objets plus élevés, qu'ils ne le sont effectivement.

Alors le fil semblera changer de place, par le moyen de la réfraction ; mais comme la moitié violette doit souffrir une réfraction plus grande, vous verrez cette même moitié beaucoup plus transposée que la rouge, le fil paroîtra rompu & divisé en deux parties, l'une violette & plus relevée, l'autre rouge & plus basse.

Cette expérience convient dans toutes ses parties au Systême de Newton, & ne convient proprement qu'à lui seul. Teignons la moitié violette en indigo, le fil paroîtra moins rompu qu'auparavant, parce qu'alors cette moitié moins brisée se rapprochera de la rouge, tel étant l'ordre de l'inégale réfrangibilité, dont la différence est moins sensible entre les Rayons rouges & indigo, qu'entre les Rayons rouges & violets.

Si l'on teint cette moitié en azur, pendant que l'autre conserve son rouge, on verra par la même raison le fil encore moins rompu, & toûjours moins à mesure qu'on le promenera par les Couleurs suivantes, c'est-à-dire, de l'azur au verd, du verd au jaune, & du jaune à l'orangé.

Enfin, lorsqu'on fera devenir cette moitié rouge, comme l'autre, le fil ne paroîtra plus divisé, mais entier & continu dans toute sa longueur, parce qu'il n'y aura plus aucune différence de réfrangibilité entre la Couleur d'une de ses parties, & la Couleur de l'autre.

On peut encore faire cette expérience avec une petite bande de papier, dont une moitié recevra des Rayons rouges, & l'autre moitié des Rayons d'azur ; car en mettant ce papier sur un drap noir, & en le regardant au travers d'un Prisme, il paroîtra tout de même rompu & divisé en deux parties.

Par le même moyen, un papier peint de quatre Couleurs, sçavoir rouge, jaune, verd & azur, dans l'ordre que nous avons déja plusieurs fois assigné aux Couleurs primordiales ; ce papier, dis-je, étant regardé avec un Prisme, paroîtra divisé en quatre morceaux rangés les uns au dessus des autres, comme les degrés d'un escalier ; l'azur sera tantôt le plus bas, & tantôt le plus élevé, suivant que l'exigera la position du Prisme ; c'est une expérience que j'ai vûë ; & cette expérience variée en autant de manieres que la féconde imagination de Paul Veronese auroit pû varier le sujet d'un Tableau, réussissoit toûjours d'une façon avantageuse, qui auroit confirmé le Systême de l'Auteur, si son Systême avoit eû besoin de preuves nouvelles.

Je vous avoüe ingénuement, dit la Marquise, que quoique j'aye toujours regardé les Mathématiciens avec une vénération singuliere, je ne sçais point point encore ce que c'est que leurs démonstrations ; on dit que depuis quelque tems elles se sont familiarisées même avec les Dames ; mais elles n'ont pas encore eû cette bonté pour moi ; & l'on ne trouvera pas sur ma Toilette la solution d'un problême parmi les essences & les pommades. J'ai bien peur que l'excès de ma vénération, ne vienne de ce que je ne connoissois guéres la Divinité que j'adorois. L'évidence des démonstrations Mathématiques fait tant de bruit dans le monde, que sur la foi de leur renommée, je croyois qu'auprès d'elles, les choses les mieux prouvées n'avoient qu'une foible lueur de probabilité.

Maintenant je ne ſçaurois comprendre que les démonſtrations du plus excellent Mathématicien, puiſſent avoir une plus grande certitude que la diverſe réfrangibilité, telle que Newton nous la préſente ; & pourtant ce n'eſt qu'une matiere de Phyſique.

Il eſt vrai, Madame ; mais l'illuſtre Auteur, qui a traité cette matiere de Phyſique, étoit le plus grand Mathématicien de l'Univers.... en ce cas là, Monſieur, il faudra dire que comme les mains de Midas, changeoient tout en or, la bouche de Newton changeoit en démonſtrations, toutes les vérités dont il parloit.

On ne ſçauroit nier, ajoûtai-je, que ſi jamais la Phyſique a pû ſe flatter d'égaler la Géométrie en fait de certitude, c'eſt préciſément entre les mains de Newton, quoique les preuves, que ces deux Sciences ont coutume d'employer, ſoyent d'eſpeces bien différentes.

La Physique se borne à considérer en détail plusieurs objets particuliers ; elle fait ses Observations sur eux, pour en inférer dans la suite ce qu'on appelle une Proposition générale.

Plus expéditive, & plus sûre dans sa marche, la Géométrie fait abstraction des cas particuliers ; elle fonde sa démonstration sur la Nature, & sur l'idée générale de la chose même, qui lui sert d'objet.

Tout ce qu'un Mathématicien vous démontrera touchant le Triangle, ne sçauroit manquer d'être véritable dans les Triangles de chaque espece, parce qu'il ne considere alors, que ce qui est nécessairement attaché aux figures terminées par trois lignes droites ; & comme aucun Triangle ne peut subsister sans cet attribut essentiel, sa Proposition générale, s'étendra sur les Triangles particuliers, soit qu'on les ait devant les yeux, soit qu'ils n'éxistent que dans l'imagination.

D'un autre côté, un Physicien vous

dira que tous les corps gravitent, ou qu'ils ont de la pesanteur, & qu'ils tombent lorsqu'ils sont abandonnés à eux-mêmes; il n'établira pas, comme feroit un Mathématicien, cette vérité sur la nature du corps en général; elle lui est inconnuë; mais il se fondera sur plusieurs Observations particulieres.

Plusieurs Observations font voir au Physicien que l'or, l'argent, les pierres précieuses, l'eau, l'air, & mille autres corps de différentes especes, ont constamment cette proprieté, tant de jour que de nuit, en hyver, dans la belle saison, pendant l'orage, ou sous un Ciel serain; & delà il conclut, que les corps gravitent en tout tems, & en tout lieu.

Quelque raisonnable que cela nous paroisse, une si grande recherche de preuves annonce la disette de démonstrations, comme les parures trop étudiées annoncent ordinairement quelque manque de beauté naturelle.

Et que ſçavons-nous ? Cette multiplicité d'expériences prévient-elle tous les doutes ? N'y a-t'il point quelque corps ſingulier, quelque matiere inconnuë, qui ne gravite pas ? Les corps, qui gravitent dans nos pays, gravitent-ils de même dans la Terre Auſtrale ? Enfin le Chaos des ſiécles paſſés, n'a-t'il jamais vû d'inſtans, ou certains corps ayent perdu leur gravitation ?

Vous m'accorderez cependant, répliqua la Marquiſe, que quand la multiplicité des Obſervations porte autant de Lumiere qu'on en voit dans les preuves de la diverſe réfrangibilité, le doute ne ſeroit pas excuſable ; ou du moins l'on ne devroit l'excuſer que dans un homme, qui douteroit par Ordonnance du Médecin....

Il y a, lui dis-je, des perſonnes qui aiment à douter, & qui doutent exceſſivement ; il y en a d'autres qui n'ont aucune retenuë dans leurs aſſertions. Tout le monde n'imite pas la sagesse & la prudente lenteur de notre Philosophe. On voit certaines gens, qui se contentent d'un cas particulier, pour en tirer rapidement une conclusion générale, comme ceux qui jugent de l'humeur & du caractere de toute une Nation, sur les qualités d'un seul homme, qu'ils auront vû deux fois dans un Caffé.

Cet homme dont je vous parlois tantôt, cet adversaire de Newton, osa se flatter d'avoir renversé le Systême Anglois, & principalement la diverse réfrangibilité; il fit plus encore, il tenta de combler son triomphe chimérique, en substituant ses opinions aux vérités lumineuses, qu'il venoit de combattre.

Pour cet effet il a rassemblé les débris d'un autre Systême général, fondé sur des cas particuliers, qui ne sont pourtant que des conséquences du Systême Newtonien. Il suppose *des fonds, des demi-clairs, & des obscurs*, dont les mélanges, & les combinaiſons diverſes, forment, ſelon lui, la diverſité des Couleurs. *

Une combinaiſon de clair & d'obſcur, interrompit la Marquiſe, pourra-t'elle jamais produire du rouge & du jaune ? Malheureux le Phénoméne, qui ſe laiſſe expliquer par un Syſtême ſemblable.

Peut-être, Madame, répondis-je en ſouriant, que la Nature a chargé ce Syſtême d'expliquer les Phénoménes monſtrueux, qui bleſſeroient quelqu'une des Loix de l'Optique. Vos

* Cet endroit me fait ſentir *plus* que jamais combien il auroit été à propos que M. Algarotti eût expliqué certains traits d'érudition qu'il répand dans ſon Livre. On ſouhaitera ſans doute de ſçavoir quel eſt le Philoſophe dont il parle. Quelques démarches que j'aye faites pour l'apprendre, je n'ay pu y parvenir ; c'eſt un Italien, voilà tout ce que j'en ſçais. Il paroit que ſon ſyſtême n'eſt pas uniquement fondé ſur les débris d'un autre ſyſtême général ; car à s'en tenir au rapport de mon Auteur, on y découvre les traces de la diſperſion du Grimaldi, & celles du mélange de la lumiere avec l'ombre, ancienne opinion connuë du tems de Seneque, & renouvellée depuis Deſcartes par le Chevalier Digby, enſuite par le fameux Barow, tous deux Anglois,

belles Couleurs ne mériteroient-elles pas d'être envoyées chez lui pour les punir un peu de tout le mal qu'elles font ?

Mais voyez avec quel dureté ce Philosophe traite les Couleurs Prismatiques ; elles ne sont pas dangereuses comme les vôtres, elles ne troublent jamais le repos du cœur ; on ne leur fait pourtant aucune grace ; vous connoîtrez par cet échantillon la valeur du Systême dont il s'agit.

Suivant ce Systême, lorsqu'un Rayon du Soleil est rompu dans le Prisme, les différentes Couleurs naissent par le concours de deux sortes d'images, dont l'une provient de la dispersion des Rayons solaires, & l'autre de la dispersion des Rayons du Ciel, qui sont contigus aux premiers.

Quoi, Monsieur, la dispersion ose encore se montrer! cet Auteur n'a donc jamais vû l'expérience du second Prisme, qui ferme pour jamais l'accès de l'Optique à la dispersion ?

Madame, les Auteurs ont les yeux faits autrement que le reste des hommes, le Soleil est clair, & le Ciel en comparaison est obscur; il n'en a pas fallu d'avantage pour suggerer au Philosophe en question les idées de mille rapports divers du clair à l'obscur, par lesquels il prétend expliquer la diversité des Couleurs prismatiques.

J'ai peur, ajoûta-t'elle, que cette explication ne soit pas trop simple, elle a l'air d'être un peu embarrassée .... pardonnons-lui ce défaut, insistai-je, & de plusieurs autres difficultés qu'on pourroit alleguer pour la détruire, ne lui en opposons qu'une. Si la diversité des Couleurs dépend du mélange des Rayons, qui forment les images du Soleil & du Ciel, & de ce que l'une fait ombre à l'autre, il est clair qu'on trouvera le moyen d'empêcher que les Rayons Celestes ne parviennent jusqu'au Prisme; par conséquent ils ne feront point réfractés, & ne se mêleront pas avec les Rayons solaires; alors toutes les Couleurs s'évanoüiront, ou bien toute cette belle théorie, qui les fait naître du mélange des Rayons solaires & céleſtes, s'évanoüira elle-même.

La ſéparation dont je parle, s'éxécutera ſans peine, ſi avant que d'abandonner au Priſme le Rayon ſolaire, qui entre dans la chambre obſcure, on fait paſſer le milieu de ce même Rayon par le trou d'une table ou d'un carton poſé aſſez loin de la fenêtre.

Dans ce cas tant s'en faut que le Priſme reçoive les Rayons céléſtes contigus aux Rayons du Soleil, puiſqu'il ne reçoit que les Rayons, qui viennent du milieu de l'Aſtre même, & point du tout ceux qui partent de ſes bords. Si l'Antagoniſte de Newton raiſonnoit bien, on ne devroit plus voir les Couleurs de l'image; mais par malheur l'expérience prouve le contraire, c'eſt une diſgrace où ce Syſtême tombe aſſez ordinairement.

En vérité, Monsieur, vous ressemblez au jeune Bacchus qui terrassoit les Géans, lorsqu'ils vouloient détrôner les Dieux pour se mettre à leur place. Au reste, l'ambition ne paroît pas moins violente chez cet Auteur, que chez ces présompteux Enfans de la Terre.

Figurez-vous, Madame, que souvent un Auteur n'est pas moins passionné pour donner son nom à un systême, qu'une Dame Françoise pour donner le sien à une nouvelle mode. Un certain Empereur de la Chine fit brûler les Livres d'Histoire antérieurs à son regne, afin que dans la suite des tems son nom fut la premiere époque. * Presque tous les Philosophes s'estimeroient heureux, s'ils pou-

* Cela est arrivé à deux Empereurs de la Chine. *Clam-Hoam*, autrement nommé *Tien-Hoamxi*, fit brûler le Calendrier dressé par l'ordre de *Yai* l'un de ses prédecesseurs, & tous les autres Livres Chinois qui existoient de son tems. *Ching* autrement appellé *Xi*, qui regna quelques années après, fit le même tort aux belles Lettres.

voient

voient détruire les Systêmes précédens, afin que leurs idées fussent aussi la premiere époque de la science humaine.

Outre cela le Systême de Newton étoit peut-être trop Ultramontain pour trouver d'abord des Partisans en Italie ; ç'auroit été un prodige si un Systême né dans l'Angleterre n'eut pas essuyé quelqu'affront dans un climat aussi voisin du Soleil, que le nôtre.

Je ne vois pas, Monsieur, quelle aversion l'Angleterre pourroit nous inspirer contre un Systême ; toute Italienne que je suis, l'Islande ou la nouvelle Zamble ne me donneroient aucun dégoût pour un systême bien fondé.

N'esperez pas, lui dis-je, de vous retrouver dans le commun des hommes; il y en a quelques-uns pour lesquels une chaîne de Montagnes, un bras de Mer, un Fleuve qui les séparent d'avec une vérité naissante, font une barriere, qu'ils ne ſçauroient ſurmonter.

Peut-être que comme les Romains trouvoient dans le ſtyle de Tite-Live *un je ne ſçais quoi* qui ſentoit le Padoüan, tout de même nos Philoſophes d'Italie trouvent dans les vérités qui nous viennent d'au-delà des Monts, *un je ne ſçais quoi* d'Ultramontain, dont ils ne peuvent s'accommoder.

Il faut, reprit la Marquiſe, que ces Meſſieurs ſoient bien délicats pour s'appercevoir de pareilles différences; mais n'eſt-ce pas plûtôt n'avoir aucun goût pour la vérité, que de trouver quelque choſe d'Ultramontain dans les preuves de la réfrangibilité diverſe? Je prétends qu'en cela je ſuis meilleure Italienne qu'eux, puiſque la moindre diſtinction ne pourroit tourner qu'à notre déſavantage.

Vous êtes Citoyenne du Monde, vos ſens ſont faits pour la vérité, les Objections de ceux qui ne l'aiment pas, ne ſçauroient l'affoiblir. Mais vous meritez qu'on vous en donne une preuve nouvelle ; cette preuve sera tirée des différens foyers d'une Lunette convexe, au travers de laquelle on regarde successivement les différentes Couleurs prismatiques.

Supposons un Livre éclairé tour à tour par les Rayons homogenes du Prisme; supposons encore qu'on fasse passer ces Rayons différens au travers d'une Lunette convexe ; les Rayons rouges trouveront leur foyer dans une certaine distance de la lentille ; & dans la même distance, on pourra distinguer les caracteres.

Mais l'image des mêmes caracteres éclairés par les Rayons azur, ne pourra se distinguer que dans une moindre distance.

Tout de même les quatre Couleurs du papier dont nous parlions tantôt, sçavoir le rouge, le jaune, le verd & l'azur, ne se distingueront pas toutes au-delà du cristal lenticulaire dans une même distance, l'azur sera le plus voisin ; après l'azur viendra le verd, ensuite le jaune & enfin le rouge dont les Rayons étant moins réfrangibles que les autres, doivent s'unir aussi dans un foyer plus éloigné.

N'a-t'on pas objecté, demanda la Marquise en riant, que le Livre sur lequel tomboient les Rayons rouges, & puis les Rayons azur, n'étoit peut-être qu'un Livre Anglois, & que pour en inferer la diverse réfrangibilité, il auroit fallu qu'il fut Italien ?

Quelle honte d'être si sourd aux accens de la vérité ! Ces expériences ne sont-elles pas assez décisives, assez lumineuses pour porter la conviction dans tous les climats de la Terre ? Je voudrois qu'on nous expliquât d'où peut procéder que l'image rouge & l'image d'azur paroissent dans des foyers plus ou moins éloignés ; si ce n'est à cause des réfractions inégales, que ces Couleurs souffrent en traversant la lentille !

Ne vous fâchez pas, Madame ; l'obstination & le préjugé ne renverseront point la diverse réfrangibilité, vous pouvez la croire tranquillement comme font plusieurs personnes d'honneur, malgré la guerre opiniâtre, que lui a déclarée l'Adversaire de notre Philosophe.

Malgré cette guerre, dis-je, le Systême de Newton a eu le sort de ce Champ, où Annibal campoit, lorsqu'il vint assiéger Rome, & dont le prix ne diminua pas pour cela dans la vente, que le Propriétaire en faisoit le même jour.

Regardons plûtôt ces objections comme les vers mordans, que la licence du Soldat Romain mêloit aux éloges des Vainqueurs, & à la solennité du triomphe ; la justesse & la singularité de ce Systême meritoient bien que la critique & l'envie l'attaquassent ; c'est un tribut que les belles choses doivent payer tôt ou tard à la malignité de l'esprit humain.

Un fameux Ministre capable des projets les plus grands & des plus basses manœuvres, se ligua autrefois avec une Académie contre la gloire du Cid *; le Misantrope de Moliere trouva des Spectateurs, qui le mettoient au rang des Sermons de l'Abbé Cotin. Les Carraches ont vû souvent leurs Tableaux méprisés & vendus, pour ainsi dire, *à l'aune*; maintenant que l'envie se tait, leurs ouvrages sont l'ornement des galeries les plus curieuses, & l'admiration des Connoisseurs, qui les payent au poids de l'or.

Il étoit presque nécessaire pour l'honneur du systême Newtonien qu'on l'attaquât de toutes parts, &

* Quelque estime qu'on ait pour l'Auteur, on trouvera sans doute que ses termes ne sont pas assez mesurés; le Cardinal de Richelieu fut un de ces grands hommes, dont il est toujours beau de respecter la mémoire. La Critique du Cid n'est point l'Ouvrage *d'une ligue jalouse*, c'est un chef-d'œuvre, où l'exactitude & le bon goût s'accordent avec la plus parfaite politesse. Plût au Ciel qu'on nous donnât souvent des Critiques semblables!

que les uns niassent la diverse réfrangibilité des Rayons, pendant que les autres contesteroient l'immuabilité des Couleurs; Autre proprieté nouvelle découverte par notre Philosophe.

M. Mariote, Physicien François, très-habile dans l'art de faire des expériences, tenta celle qui démontre l'immuabilité des Couleurs primordiales, & le succès en fut tout autre qu'on ne devoit l'attendre des promesses de Newton.

Alors l'envie cria *victoire*! un systême qui étoit le fruit mur d'un long raisonnement, & de plusieurs Expériences réïterées, passa pour une imagination vaine & frivole; on traita de Visionaire ou d'Imposteur un sage Philosophe, qui avoit consacré toute sa vie au soin de chercher la vérité, & qui enfin étoit devenu son confident.

Il me paroît, dit la Marquise, qu'en cela le Philosophe Anglois a eu le sort de Caton. Caton donna toujours des preuves de grandeur d'ame; enfin il poussa la générosité jusqu'à vouloir expirer avec la liberté de sa Patrie, & cependant quelques-uns l'ont accusé de s'être tué par pure foiblesse. *

Mais que me direz-vous de cette expérience Françoise, qui fut si contraire à l'expérience de notre Philosophe? Est-il possible qu'entre deux hommes capables de distinguer la vérité d'avec le mensonge, il soit besoin d'un tiers pour décider une question de fait? En ce cas là on ne doit plus s'étonner si quelquesfois deux personnes, suivant leurs différens principes, rai-

* Ces gens-là ont grande raison, un homme qui s'ôte la vie pour éviter quelque malheur, se sent inégal au fardeau qu'il doit porter; il met d'un côté dans la balance une mort prompte, & de l'autre une vie miserable; la mort lui paroît plus legere, son amour propre s'en accommode mieux. On nous souffle ici un vent du Nord, qui n'est bon ni dans la Nature, ni dans la Morale. Un François verse son sang pour sa patrie, & le ménage pour elle; voilà le veritable héroïsme. Caton n'y entendoit rien; Martial pensoit d'une maniere plus juste & plus noble, lorsqu'il disoit:

Ne nous immolons point, c'est être généreux
Que de sçavoir lutter contre un sort malheureux.

sonnent

ſonnent différemment ſur la même choſe, comme on a raiſonné ſur un certain original qui changeoit de chemiſe trois fois par jour ; les uns diſoient qu'il étoit extrémement propre, & d'autres ſoutenoient que ſans doute c'étoit le plus mal propre de tous les humains ; mais qu'on nie un fait averé, c'eſt une foibleſſe que je ne croyois reſervée qu'aux petites femmes, & qu'aux enthouſiaſtes.

Il n'eſt pas douteux, lui repliquai-je, que ce ne ſoit un grand deshonneur pour les Philoſophes de n'être point d'accord ſur pareilles matieres ; on peut ſoupçonner dans les uns ou dans les autres un manque d'attention à bien obſerver la Nature.

Les Chevaux raiſonnables que Guliver trouva dans l'Iſle des *Houÿnnhys* ne connoiſſoient ni l'incertitude, ni le doute dans les queſtions de fait ; le menſonge n'avoit aucun nom chez eux, & la vérité n'eſſuyoit jamais le moindre affront de leur part. Quel seroit leur étonnement de voir des contradictions si marquées entre nos Philosophes, entre ceux qui de toute notre espece ont l'esprit le plus cultivé.

Sans avoir la raison des *Houynnhys* nous ne laissons pas quelquesfois d'éprouver que les contrarietés de nos Philosophes nous les rendent méprisables, & cela n'est que trop ordinaire ; plusieurs exemples fameux pourroient vous le montrer.

Deux des plus illustres Académies interrogent la Nature, & cherchent tous les jours la Vérité, mais en la cherchant elles se regardent comme rivales ; leur émulation dégenera plus d'une fois en querelles jalouses ; on les a vû disputer long-tems sur un fait qui prouvoit la réfraction que la Lumiere souffre en passant du vuide dans l'air ; enfin la Victoire couronna le parti qui soutenoit que le fait étoit réel. *

* Pour assurer que la lumiere se réfracte en passant du vuide dans l'air, il faudroit prouver

Quelques-uns vous diront d'après l'expérience, que dans la respiration l'air passe des poumons au cœur, & d'autres le nieront, fondés sur la même expérience. Plusieurs voyent dans les glandules de notre corps certaines petites machines, & certaines organisations que d'autres soutiennent n'y être pas ; l'imagination & le préjugé étendent leur empire sur ces sortes de découvertes, aussi bien que sur toutes les autres choses du Monde.

On voit dans les objets ce qu'on souhaite le plus d'y trouver, tout de même que quelques traits irréguliers deviennent aux yeux d'un Peintre le contour d'une jambe ou d'un visage ; tout de même que Don Quichotte prenoit les Moulins pour des Géans,

qu'il y a du vuide dans la Nature, les raisonnemens & les expériences de Newton ne le prouvent pas. M. l'Abbé de Moliere a parfaitement dévelopé le mécanisme du Monde dans le plein. Nos Philosophes François peuvent se flatter que leurs rivaux n'ont pas encore sujet de crier victoire.

& que souvent de loin les arbrisseaux ont l'air d'une belle Dame aux yeux d'un Amant passionné, qui ne songe qu'à sa Maîtresse.

Un Observateur ne doit point chercher ses opinions dans les expériences, comme celui qui cherchoit l'ancienneté de sa famille dans Homere, car l'un & l'autre trouveront leurs visions par tout. La Physique demande aussi-bien que la Poësie un homme organisé tout exprès pour elle, un Malpighi, un Reaumur, un Boyle, un homme que l'autorité n'ébranle point, que l'imagination ne séduit pas, & qui ne s'épouvante d'aucune difficulté; enfin si nous en croyons un Auteur célébre, il faut un homme adroit, agissant & curieux, tels que les François & les Anglois, & qui ait le sens froid, la circonspection & la finesse de l'Italien & de l'Espagnol.

Tâchons, Monsieur, de rectifier nos idées; pourquoi ne pas mettre la patience de quelque autre Nation à la place de cette fineſſe qui ne nous fait guéres d'honneur, parce qu'elle eſt un peu trop voiſine de la défiance ?

L'Ecrivain dont je vous parlois, Madame, n'admet dans ſon Obſervateur que les bonnes qualités des différens climats, ainſi il ne demande qu'une fineſſe innocente ; mais n'aimeriez-vous pas mieux que pour contribuer à former un parfait Philoſophe, on lui prêtât la religieuſe attention de nos *Sigiſbées*. *

J'en connois un des plus religieux, repliqua-t'elle, & vous le connoiſſez auſſi ; ce ſeroit un Newton, ſi la Philoſophie étoit ſa Maîtreſſe.

Celui-ci, ajoûtai-je, ne manqueroit pas d'aller juſqu'à la ſuperſtition ; comme un Phyſicien, qui entr'autres préceptes de l'art, ordonne de remarquer exactement, quand on fait une

* *Cicisbeo* ; mot dont les Italiens ſe ſervent pour exprimer un galant très-aſſidu ; on prend ſouvent ce terme en mauvaiſe part, & ſouvent il ſignifie un amoureux tranſi.

expérience, le pays, l'année, & le jour où l'on la fait, le vent qui souffle, le dégré de chaleur, la séchereſſe de l'air, & plusieurs autres choſes ſemblables, qui peuvent avoir lieu, & qui même ſont abſolument néceſſaires dans certains cas.

Mais dans d'autres cas je ne vois point à quoi toutes ces choſes peuvent ſervir; car pour obſerver un papier teint de deux Couleurs par un Priſme, il n'importe en aucune maniere d'éxaminer ſi c'eſt l'Aquilon ou le vent du Midy qui ſouffle, ſi l'on eſt dans l'Automne ou dans le Printems, au ſept ou bien au vingt du mois; un Phyſicien de cette eſpéce ne reſſembleroit pas mal à un Antiquaire, qui copieroit les plus frivoles ornemens d'une Inſcription avec autant d'exactitude que l'Inſcription même.

La Médecine, dit-elle, s'eſt preſque dépoüillée du préjugé d'obſerver certains tems de la Lune pour ordonner ses remedes; peut-être que la Physique trouve à propos d'adopter cette superstition pour faire ses expériences, afin que la race des préjugés ne se perde pas, & qu'il y en ait toujours la même dose dans le Monde.

Une chose certaine, continuai-je, c'est que l'on ne doit rien espérer d'un Observateur qui tombe dans la négligence, au lieu que l'exactitude, quand même on la porteroit trop loin, peut toujours produire quelque bon effet.

Vous allez le voir dans une fameuse expérience de Newton; cette expérience fait tomber toutes les vieilles idoles de l'Optique, tous les Systêmes imaginaires, qui supposoient que les Couleurs pouvoient être changées par l réfraction, par la réfléxion, & par la contiguité de l'ombre; en un mot que les Couleurs n'étoient que d'inconstantes modifications de la Lumiere.

Newton a démontré qu'un Rayon rouge bien isolé retiendra constamment sa Couleur, malgré toutes les réfléxions & les réfractions qu'on lui fera souffrir, malgré toutes les épreuves diverses dont s'avisera l'opiniâtre curiosité d'un Physicien; il en est de même des autres Couleurs, pourvû que les Rayons soient bien séparés.

Voici donc cette grande expérience qui nous produit des verités si belles & si merveilleuses. On reçoit sur un carton l'image du Soleil formée par un verre convexe & par un Prisme combinés ensemble, car sans cette combinaison les Rayons seroient moins purs, & moins nettement séparés.

Ayant obtenu de cette maniere une séparation parfaite, on transmettra tour à tour par un trou du carton les Rayons de différentes Couleurs, on les rompra dans un second Prisme, & l'on verra pour lors si les nouvelles réfractions peuvent produire quelque Couleur nouvelle.

S'il paroît une nouvelle Couleur, on tombera d'accord que les Couleurs ne ſont en général autre choſe qu'une modification de la Lumiere, & que dans le cas préſent cette modification vient du Priſme ; alors les Philoſophes chercheront, tant qu'il leur plaira, quels mouvemens ou quelles configurations ſont néceſſaires pour produire & pour varier les teintes de la Nature.

Mais ſi le Rayon conſerve toujours ſa premiere livrée ſans le moindre changement, il faudra dire que le criſtal & la réfraction n'ont aucune part à la production des Couleurs ; on ſera contraint d'abandonner l'antique Syſtême de la modification ; toutes ces rêveries ingénieuſes s'évanoüiront à l'aſpect de la vérité Newtonienne.

Or c'eſt préciſement ce que l'expérience montre. Un Rayon homogene, rouge, jaune, azur, ou de quelqu'autre Couleur primitive, n'eſt alteré en aucune maniere, ni par une nouvelle réfraction, ni par plusieurs autres qu'on lui fait souffrir consécutivement.

Le Coloris & le degré de réfrangibilité se signalent par une constance merveilleuse; en sorte que si l'on fait tomber successivement deux Rayons, l'un rouge, l'autre violet sur le même point du Prisme avec la même incidence, le violet après la seconde réfraction ira frapper la muraille opposée dans un point plus élevé, que ne fera le rouge; & les Rayons chargés de Couleurs intermédiaires s'arrangeront suivant leur coutume dans les intervalles, en sorte que ceux qui auront souffert une plus grande réfraction dans le premier Prisme, la souffriront encore dans le second, & que chacun d'entr'eux peindra sur le papier, non pas une figure allongée, comme l'étoit l'autre image, mais un petit cercle qui aura la Couleur de son Rayon homogene sans aucune nuance nouvelle. *

* Voilà une période d'une longueur prodigieu

Reprenez haleine, dit la Marquise en riant, vous vous étiez engagé dans une période si longue, que je ne sçavois comment vous feriez pour en sortir...... Je ne voudrois pas, Madame, que la longueur de ma période m'eût rendu obscur, ni que le fruit de cette belle expérience vous eût échapé par ma faute......

Non, non, Monsieur, l'expérience n'y a rien perdu; tout ce que vous venez de dire ne se réduit-il pas à un point, qui est que les Rayons de la Lumiere sont immuables quant à leurs Couleurs, & quant à leur degré de refrangibilité?....

Loüé soit le Ciel, Madame. Je pourrai desormais être long dans mes périodes autant qu'il me plaira, sans

se; j'aurois bien voulu la couper, selon le génie de notre langue, mais je n'ai pu me dispenser de suivre l'Original; parce que la Marquise va reprocher à M. Algarotti cette période à perte d'haleine, & son reproche que je n'ai pas dû supprimer, feroit une disparate, si j'avois été court dans ma traduction; j'ai cependant gagné huit ou neuf lignes sur le texte.

appréhender d'être obscur, & même il ne tiendra qu'à moi de vous annoncer dans une période digne *des Azolains**, que cette expérience fut tentée par M. Mariote, & qu'il trouva qu'après la seconde réfraction quelques nouvelles Couleurs se joignirent au rouge & à l'azur. Malheur qui lui est arrivé je ne sçais comment, mais sans doute par le défaut du Prisme dont il s'est servi pour séparer les Rayons.

Par cette expérience manquée l'immuabilité des Couleurs alloit être décreditée dans le Monde Philosophique, si l'on n'eût pas refait la même expérience en Angleterre devant quelques Sçavans François. On leur démontra que M. Mariote, quoique

* C'est le titre d'un Ouvrage que le fameux Cardinal Bembo fit dans sa jeunesse ; il roule sur l'Amour Platonicien expliqué dans plusieurs Entretiens galans, dont la scene est au Château d'Asola dans la Marche Trevisane. Cet Ouvrage eut autrefois une grande réputation ; M. Algarotti le critique sur la longueur des périodes, & il n'a pas tort.

doüé d'une extrême ſagacité, s'étoit trompé dans quelque point eſſentiel. Ainſi furent reconciliés ces deux Nations, preſque toujours moins diviſées par un bras de Mer, que par la contrarieté de leurs ſentimens.

L'immuabilité des Rayons homogenes eſt une loy de la Nature; toutes les Nations auroient dû recevoir également cette loy. Nous autres Italiens nous avons été les plus rebelles, il ſembloit que nous cheriſſions le bandeau qui nous couvroit les yeux.

C'eſt chez nous que le Syſtême Anglois rencontra ſes plus grands ennemis. En cela il paroît que la Fortune a gardé un certain ordre, & qu'elle a voulu qu'un Peuple, que nous trouvâmes autresfois le plus difficile à ſoumettre par la valeur, nous trouvât maintenant les plus difficiles à ſoumettre par la raiſon.

Voulant de mon côté contribuer à l'établiſſement d'une vérité ſi belle, j'ai fait renouveller cette expérience dans une Ville d'Italie, Ville assez célebre par ses sçavans nourrissons, & en même-tems assez neutre pour n'inspirer aucun soupçon de partialité.

Un Ministre d'Etat, répliqua-t'elle, n'auroit pas employé plus de politique pour choisir un endroit propre à la tenuë d'un Congrès...... Cependant, Madame, peu s'en fallut que toute ma politique ne servit de rien, parceque quoique nous suivissions la Méthode de Newton pour séparer les Couleurs, & quoique la Chambre fut ténébreuse, comme une de ces nuits que les Amants souhaitent pour assurer leurs tendres larcins, nous ne laissions pas de trouver qu'il se joignoit toujours aux Couleurs réfractées par le second Prisme, une certaine Lumiere tirant vers l'azur ; ce n'étoit dans le fonds qu'une teinte irréguliere & variable, mais elle suffisoit pour laisser quelque excuse aux incrédules.

Cette apparition nous inquiétoit réellement, & nous aurions mal dormi, si à force d'examiner nous n'en eussions découvert la cause. Enfin, nous observâmes que les contours de la premiere image colorée n'étoient pas aussi nets & aussi bien terminés qu'ils auroient dû l'être, si le Prisme avoit été bon. Nous vîmes qu'il y avoit tout à l'entour une Lumiere précisément de la même nature que celle qui s'unissoit aux Couleurs réfractées pour la seconde fois, & nous apperçûmes que plusieurs rayes de cette Lumiere heterogene traversoient l'image en différens sens.

Tout cela nous fit juger qu'il devoit y avoir plusieurs irregularités dans le Prisme, comme des ampoules d'air, des cavités & des éminences; en un mot d'autres causes pareilles, qui produisoient une réfraction confuse, & qui nous empêchoient de trouver dans l'image une parfaite séparation des Couleurs.

Diverses Expériences réïterées nous firent voir que nos soupçons étoient juftes, & que nous devions jetter fur les Rayons irrégulierement brifés, toute la faute de cette altération des Couleurs, fi l'on peut nommer altération, ce qui n'étoit que la fimple jonction d'une Couleur avec une autre.

Je vous félicite, Monfieur, de ce qu'après une telle découverte rien n'aura troublé la tranquillité de votre fommeil.... Dieu me préferve, Madame, de cette ennuyeufe tranquillité, dont le vulgaire eft fi jaloux. Dans la Philofophie, comme dans l'amour, & dans le refte des chofes humaines, un défir fatifait devient ordinairement le Pere d'un befoin nouveau.

Il s'agiffoit d'apporter du remede au mal, dont nous connoiffions la caufe. Jugez fi nous pouvions être tranquilles; n'étoit-ce pas-là un nouveau motif d'occupations & d'inquiétudes?

On ne fait des Prifmes en Italie que pour le divertiffement des enfans, mais

mais non pas pour l'usage des Physiciens ; un Physicien fatigueroit nos Ouvriers, en leur demandant souvent une éxactitude, ou leur adresse ne sçauroit parvenir.

Quel parti prendre dans cette disette ? On vouloit écrire en Angleterre, où les *Fawkener* travaillent les Pierres dures, où les *Graham* font de si excellens Horloges, & où il paroît enfin que toutes choses s'éxecutent avec une finesse capable de contenter les Physiciens les plus délicats; mais la fortune & notre bon génie nous firent trouver plûtôt, que nous ne l'espérions, quelques Prismes, qui venoient nouvellement de cette Isle consacrée aux beaux Arts.

Nous les reçûmes avec autant de vénération, que les Romains en avoient pour le Bouclier sacré, qui tomba du Ciel entre les mains de Numa ; & nous aurions souhaité de trouver un nouveau Mamurius, qui nous fit beaucoup d'autres Prismes semblables, comme l'ancien Mamurius fit onze Boucliers pareils à celui qui devoit aſſurer le bonheur de Rome.

Avec un de ces Priſmes, l'image colorée ſe peignit ſi belle, ſi brillante, & ſi bien terminée, que l'autre d'auparavant ne ſembloit, en comparaiſon de celle-ci, qu'une miſérable ébauche, auprès d'un excellent Tableau. Les Couleurs réfractées par le ſecond Priſme demeurerent immuables; en ſorte que l'œil le plus perçant, & tous les Zoiles de Newton n'auroient pû y découvrir la moindre altération.

Peut-être, Monſieur, que la Nature a réſervé aux Priſmes Anglois le privilége de faire connoître la Vérité, c'eſt à-dire, aux Priſmes, par le moyen deſquels elle s'eſt manifeſtée en premier lieu.... ce ſeroit, ajoûtai-je, un Phénoméne aſſez curieux, que cette partialité de la Nature pour un Priſme de Londres, plûtôt que pour un Priſme de Murano; mais le fait eſt que quand on la consulte nettement, elle répond toûjours de même ; n'importe que le Prisme soit Anglois ou Italien, pourvû qu'il soit bon & bien travaillé, & qu'une parfaite obscurité regne dans l'endroit, où l'on fait l'Expérience.

Avec ces conditions les Couleurs réfractées trois ou quatre fois demeureront immuables ; tout objet regardé au travers d'un Prisme dans une Lumiere homogene, aura le même privilége ; car la varieté des Couleurs, le changement de figure, & la confusion que l'on apperçoit dans les objets éxaminés de cette maniere, proviennent uniquement de ce qu'ils réfléchissent en plus ou moins grande quantité toutes sortes de Rayons ; & ces Rayons diversement rompus, produisent mille effets bizarres.

Un rond de papier, sur lequel tombent en même-tems le rouge d'une image, & l'azur d'une autre, prend la Couleur de pourpre ; & si vous le regardez avec un Prisme, vous le verrez comme divisé en deux cercles, l'un azur, & l'autre rouge; tel sera l'effet de l'inégale réfraction des deux Couleurs.

Si vous faites encore tomber en même-tems sur ce papier le jaune & le verd de deux autres images, en sorte qu'il soit peint de quatre Couleurs diverses, vous le verrez d'une figure oblongue avec le Prisme, parce que la réfraction divisera cette image en autant de cercles, qu'il y a de Couleurs, & ces cercles vous paroîtront posés les uns au dessus des autres....

Vous voulez ajoûter, interrompit la Marquise, qu'à la Lumiere du Soleil, qui lance toutes sortes de Rayons, ce papier présentera une image encore plus oblongue, & teinte de toutes les Couleurs de l'Arc-en-Ciel; au lieu qu'étant seulement éclairée d'une Lumiere homogene, cette même image regardée au travers d'un Prisme, ne souffrira aucune altération, ni dans sa figure, ni dans sa Couleur.

Excusez, Madame, si je voulois, suivant la foiblesse humaine, achever de dire ce que j'avois commencé ; il n'étoit réservé qu'à vous & à Newton d'entendre la Nature à demi mot. Vous n'aurez pas besoin de grande explication, pour concevoir que les Mouches, & d'autres petits objets semblables se voyent distinctement dans une Lumiere homogene, avec un Prisme devant les yeux ; on y liroit l'impression la plus mince d'un Elzévir, mais non pas dans la lumiere héterogene du Soleil, à cause de la confusion & de la quantité des Couleurs, que le Prisme y feroit paroître.

Dans la Lumiere héterogene, nous devons livrer le Prisme à la Poësie, elle s'en servira pour des comparaisons, qui ne font guéres d'honneur à cet instrument d'Optique. Un fameux Poëte Anglois, dont l'autre jour vous admiriez les Vers, le compare à la fausse Eloquence, qui farde le Mensonge, & qui répand ses ébloüissantes Couleurs sur les objets les plus communs. Voilà le Prisme, mais c'est le Prisme traversé par toutes sortes de Rayons.

Quand il n'y passe que des Rayons homogenes, dit la Marquise, il me semble qu'on pourroit au contraire le comparer avec la véritable Eloquence, & avec l'esprit juste ; alors le Prisme nous fait voir seulement les objets hors de leur place, mais sans aucune autre altération ; tout de même l'esprit juste nous surprend quelquefois en nous montrant sous un nouvel aspect les choses les plus ordinaires, mais sans altérer leur nature.

Vous connoissez si bien le Prisme, Madame, que vous pouvez surement le comparer à votre esprit. Mais quelle comparaison trouverez-vous pour l'immuabilité des Couleurs, si vous ne la cherchez pas dans votre cœur même ? Votre cœur n'eſt point changeant, la réfléxion & la réfraction ne peuvent rien ſur lui.*

Si les Couleurs n'étoient qu'une modification, que les Rayons puſſent acquerir par les différentes manieres, dont ils ſont réfléchis, comme on le prétendoit autrefois, un corps rouge

* La réfléxion & la réfraction ſont priſes ici dans un ſens figuré ; c'eſt comme ſi l'on diſoit que le cœur de la Marquiſe demeure toujours le même, & qu'il n'obéit ni aux caprices de la fortune, ni aux changemens des paſſions ; ſources de Phénoménes auſſi ſurprenans dans la morale, que la réfléxion & la réfraction peuvent l'être dans la Phyſique. Je dois avertir qu'au lieu de ces paroles : *votre cœur n'eſt point changeant, &c.* il y a dans l'Italien ; *alors connoiſſant que la réfléxion & la réfraction ne peuvent rien faire contre elle*, (c'eſt-à-dire contre l'immuabilité des Couleurs) *vous la connoîtrez encore mieux que vous ne faites.* Voilà une traduction litterale : j'ai cru que je devois me borner à rendre l'idée de M. Algarotti ; ſon idée eſt de comparer la conſtance des Couleurs priſmatiques avec la conſtance du cœur de la Marquiſe ; mais nous autres François nous ne ſçaurions concevoir qu'un cœur conſtant puiſſe nous développer l'immuabilité des Rayons homogenes. Le Pere Bouhours auroit trouvé dans cette expreſſion un paſſage du figuré au ſimple, & ſelon toute apparence il ne s'en ſeroit pas accommodé.

au Soleil, devroit l'être de même dans l'azur de l'image colorée, puisqu'il pourroit modifier cette Lumiere d'azur refractée par le Prisme, aussibien qu'il modifie la Lumiere lancée directement par le Soleil.

Mais Newton a vû par expérience que tout corps placé dans notre image prismatique, prend les Couleurs des Rayons homogenes, dont il est frappé. Cela détruit absolument la supposition, qui veut que les objets modifient la Lumiere en la réfléchissant, & qu'en la modifiant ils lui donnent telle ou telle Couleur.

Tout corps blanc, rouge, jaune, azur, ou verd, comme le papier, l'écarlate, l'or, l'outre-mer, & l'herbe, exposé aux Rayons rouges, paroît rouge; verd, aux Rayons verds; ainsi du reste. La seule différence qu'il y a, c'est que différens corps posés dans la même Lumiere, ne sont pas également lumineux.

L'objet paroît plus lumineux dans une

une Lumiere dont la Couleur lui convient, il n'y a que les corps blancs qu'on doit excepter de cette regle, leur surface reçoit sans distinction toutes sortes de Couleurs; on peut les regarder comme les vrais Caméléons & les Protées de l'Optique.

Quoi! Monsieur, ce Diamant posé dans les Rayons de l'image changeroit de Couleur, & je le verrois métamorphosé en rubis, en topase, en émeraude,....... oüi, Madame, d'autant mieux qu'il ne darderoit qu'une Couleur pure, & que toutes les iris, tous les feux variables, dont on le voit étinceler aux Rayons du Soleil, disparoîtroient dans cette Lumiere homogene.

Il est encore très agréable de voir la poudre, & les Atômes qui voltigent dans l'air, prendre tantôt une Couleur & tantôt une autre en traversant nos Rayons homogenes, comme l'eau d'un fleuve prend tour à tour plusieurs teintes différentes, suivant les différentes qualités de son lit.

D'autres corps emprunteront des Couleurs nouvelles, mais sans y joindre autant d'éclat; par exemple, la Lacque dont Martin, cet adroit Imitateur du Vernis de la Chine, fait dans Paris des ouvrages si charmans; la Lacque, dis-je, est très-lumineuse dans les Rayons rouges; elle l'est moins dans les Rayons verds, & beaucoup moins dans les Rayons d'azur.

Au contraire le lapis lazuli dont vous avez-là une si jolie tabatiere, paroît extrêmement lumineux dans les Rayons azur, il ne l'est pas tant dans les Rayons verds, il l'est moins encore dans les jaunes, & devient presqu'obscur dans les rouges.

Cette inégalité d'éclat n'est pas moins considérable dans les objets, que l'on voit par le moyen d'une Lumiere transmise; on en peut faire l'épreuve avec des cristaux colorés; tout corps réfléchit, tout corps transmet en grande abondance les Rayons qui sont de sa Couleur ; à l'égard des autres, il ne les réfléchit, ou ne les transmet que plus ou moins, suivant qu'ils approchent ou qu'ils s'éloignent de sa Couleur dans l'ordre de la réfrangibilité.

De-là vient, sans doute, reprit-elle, que nos plus parfaites Couleurs ne sçauroient manquer d'avoir quelqu'impureté ; l'art ne teindra jamais assez bien une Etoffe pour qu'elle ne réfléchisse qu'une seule espece de Rayons ?

Beaucoup plus difficilement, lui repliquai-je, l'art pourroit-il accorder différentes Couleurs homogenes, & nous flatter les yeux par des nuances vraiment harmoniques ; il y faudroit toute la délicatesse que la Nature employe pour trouver une infinité de demi teintes entre deux Couleurs principales.

Nos Couleurs les plus décidées ont chacune quelque mélange secret, qui nous donne une grande facilité pour les assortir, & qui nous abrege considérablement le chemin.

Cela fait que le passage d'une teinte à l'autre, quoiqu'il en manque plusieurs dans l'intervalle, n'est n'est ni rude, ni tranchant pour notre œil ; l'œil trouve dans tous les objets colorés la même baze de toutes les Couleurs ; chaque Couleur porte un mélange amollissant qui sert de soutien à l'harmonie imparfaite dont nous nous contentons.

On seroit quelquefois à plaindre si les milieux colorés ne transmettoient plus ou moins toutes sortes de Rayons ; quel surcroît d'incommodité dans cette désagréable maladie, qui teint en jaune & le corps & les yeux !

Dans cette situation où les visites ne flattent guéres les Dames, on deviendroit aveugle pour toutes choses, excepté pour les objets Couleur de souci ; & l'on ne pourroit appercevoir que les gens qui auroient le même mal.

Ah, Monſieur, la cruelle ſituation! un Amant dont la Maîtreſſe auroit cette maladie, ſeroit obligé de s'habiller de jaune; j'avoüe que le jaune eſt fort reſpecté dans la Chine; mais nous autres nous le jugeons de mauvais augure, & ſur-tout pour les Galans. Peut-être encore faudroit-il qu'il ſe fit venir la jauniſſe pour paroître plus décemment aux yeux de ſa Belle, & pour lui mieux montrer ſon attention!

Cet Amant ſi parfait, continuai-je, ſeroit bon pour prouver l'immuabilité des Couleurs, ſi l'on n'avoit pas d'autres preuves pour la démontrer.

Après tant d'Expériences il ne reſtoit plus qu'à examiner ſi les confins de l'ombre, qui bornoit l'image lumineuſe pouvoient changer ou gâter les Couleurs; une pareille diſgrace auroit donné beau jeu à ces Phyſiciens qui mettent tout en œuvre pour bâtir des ſyſtêmes.

Notre Philoſphe ſoumit les Couleurs à cette nouvelle épreuve ; & leur constance ne lui laissa rien à désirer ; elle se soutient encore, lorsqu'il arrive que des Rayons différens s'entrecoupent & se croisent ; en un mot, il paroît que les Couleurs homogenes bravent tout ce qui sembleroit devoir leur faire essuyer quelque changement.

Il faudroit, dit la Marquise, feuilleter les Romans pour trouver quelque chose d'égal à la constance de vos Couleurs, ce sont des héroïnes que rien ne sçauroit ébranler ; jamais elles ne ressembleront à la Matrone d'Ephese.* ...

* L'Auteur s'exprime un peu différemment ; sa Marquise dit : *Il faudroit recourir aux Romans pour trouver quelque chose que l'on pût comparer avec vos Couleurs, qui ne le cedent pas même à la fameuse Anxie d'Ephese, à ce modele de la constance la plus invincible au milieu de tous les accidens qu'un Romancier peut faire naître pour la rendre enfin... Quoi ? lui demandai-je.... semblable, répondit-elle, à la Matrone sa compatriote.* J'ai craint que nos Lecteurs, qui aiment la clarté, ne trouvassent de l'embarras dans cette longue circonlocution, & j'ai cru que je ne ferois pas mal de ne prendre que l'idée sans m'assujetir aux termes.

L'immuabilité des Couleurs, repliquai-je, a véritablement de quoi surprendre les Dames, & je ne doute point que la plûpart d'entr'elles n'acceptassent plûtôt le systême de Lucrece, qui assuroit que non-seulement les Couleur étoient variables, mais aussi qu'elles pouvoient toutes naîtrc les unes des autres.

V. ENTRETIEN.

On continuë d'exposer le Systême Newtonien sur l'Optique.

LE jour suivant, dès que la Marquise fut levée, elle me fit appeller; je la trouvai dans cette agréable désordre, qui loin d'affoiblir la beauté lui prête des charmes nouveaux. Nous entrâmes dans son Cabinet; en vérité, s'écria-t'elle, votre Philosophie commence à devenir quelque chose de très-sérieux pour moi! je puis vous assûrer que j'ai beaucoup moins dormi cette nuit que les autres; si votre Systême en est la cause ou non, c'est ce que je sçais pas, mais je m'apperçois que la Philosophie & le sommeil ne vont guéres bien ensemble.

Mes songes interrompus m'avoient

transportée dans le Pays de l'Optique, où je ne voyois que Prismes, verres lenticulaires, Rayons diversement brisés, images colorées, & que sçais-je, en un mot, toutes les Expériences, tout l'attirail des Physiciens.

Tout cela passoit en revûë devant mon imagination. Quelqu'amusant que soit un spectacle pareil, je n'aurois jamais cru devoir m'en occuper si fortement dans un tems où l'on n'a pas coutume de songer beaucoup à la Philosophie.

En effet, lui répondis-je, ce seroit plûtôt là le tems de songer au Philosophe.... Croyez, Monsieur, qu'il y a eu sa part, & qu'il auroit mauvaise grace de s'en plaindre.... Hé bien, Madame, tâchez de vous rappeller ce rêve le plus souvent qu'il vous sera possible; c'est le moyen de payer vos dettes.

Comment voudriez-vous, reprit-elle en riant, qu'en me rappellant ces belles Expriences, je n'admirasse pas l'esprit & la sagacité du Philosophe, qui les a inventées, & que je ne pensasse point à un homme auquel il semble que la Nature même ait enseigné ce qu'il devoit faire pour la connoître ?

Pour le coup je vois bien, Madame, que vous prenez la chose trop sérieusement, & que nous ne nous entendons pas, vous auriez pû vous dispenser de tant rêver au Philosophe, c'étoit assez de songer à l'Expositeur du Systême.

Mais vous-même, Monsieur, comment l'entendez-vous ? Il s'agit de sçavoir si la Couleur est immuable ou non, & si les Rayons de la Lumiere sont diversement réfrangibles; il faut établir & réfuter des Systêmes; en un mot, on ne cherche rien moins que la vérité, & vous trouvez qu'on prend les choses trop sérieusement !

Mais vous-même, Madame, ayez la bonté d'être persuadée que ces fortes de recherches ne doivent point troubler notre sommeil ni rembrunir nos songes ; voyez la belle réputation que vous me procureriez, si l'on sçavoit que je vous eusse fait rêver de Prismes & de verres lenticulaires !

On doit faire de pareilles choses le même usage que font de l'Amour ceux qui pensent à tirer des passions le plus de profit qu'il est possible ; ces gens-là ne sont pas dupes, ils ne prennent jamais autant de tendresse qu'il en faudroit pour alterer leur santé, mais seulement autant qu'il en faut pour bien passer deux ou trois heures du jour auprès des Dames.

Vous donnez, répliqua-t'elle, des leçons de Philosophie & d'Amour tout ensemble, mais vous sçavez bien que quand on aime pour la premiere fois, on écoute peu les conseils de la raison ; le cœur s'enflâme, l'esprit s'aveugle, & l'on se laisse emporter plus loin que la prudence & le repos ne l'exigent.

Voilà précisément ce qui vient de m'arriver dans la Philosophie. A peine ai-je vû briller sa beauté que j'ai cessé d'être maîtresse de moi-même, & mon transport m'a menée si loin, que j'ai cherché les moyens de confirmer le Systême de Newton; jugez par-là si ma passion est grande.

Sçachons, Madame, ce qu'elle aura produit; les plus belles choses doivent presque toujours leur naissance aux grandes passions; l'Iliade, l'Eneide, les Poëmes du Dante & ceux de Milton sont nés dans la jeunesse de leurs Auteurs; & la jeunesse fut toujours un âge consacré aux passions les plus violentes. Nous pouvons joindre encore ici, (du moins à cause de l'estime qu'en font leurs Compatriotes) l'Araucane d'Alonzo Ercilla, & la Lusiade du Camoëns, l'une faite au milieu des Victoires que les Espagnols remportoient dans l'Amérique; & l'autre dans le tems des plus fameuses révolutions du Portugal; vos songes auront peut-être produit quelque chose de plus grand que tout cela.

J'ai bien peur, ajoûta-t'elle, que mon songe ne soit qu'une rêverie frivole; je pensois que si la Lumiere est composée de Rayons de diverses Couleurs, lesquels étant mêlés ensemble forment le blanc, on devroit voir si après les avoir séparés par le moyen du Prisme, l'on ne pourroit pas les rassembler une autrefois, & je cherchois en moi-même, mais avec peu de fortune, le moyen de faire cette opération.

Newton, lui repliquai-je, vous tirera d'inquiétude; cette maniere que vous avez imaginée pour confirmer son Systême est fort bonne, ç'en est une conséquence claire & naturelle, & il l'a démontrée par plusieurs Expériences diverses; voici la plus fameuse & en même tems la plus simple, où l'ait conduit cet esprit d'ordre qui vous est commun avec un si grand Philosophe.

L'image du Soleil faite par le Prisme dans la chambre obscure, se reçoit sur un verre lenticulaire, afin que les Rayons colorés qui sont divergens en sortant du Prisme, prennent dans la lentille une convergence nouvelle.

Oh Dieu! s'écria la Marquise, j'avois en main tous les Instrumens nécessaires pour exécuter mon idée; je n'avois qu'à les mettre en œuvre, & je n'en ai pas eu l'esprit! Peut-on pousser la stupidité si loin? Vous aviez bien raison de ne pas vouloir me faire entendre la voix de la Philosophie!

On pourroit au contraire, Madame, vous appliquer ce fameux mot de l'Antiquité, *plaise à Dieu qu'étant telle que vous êtes, vous soyez des nôtres!* Vous trouverez dans l'Optique une consolation pour ce que vous appellez *votre stupidité*; les hommes, ces Etres raisonnables & curieux, ont passé plus de trois siécles sans songer à mettre ensemble un verre concave & un verre convexe pour faire la Lunette d'approche. Après tant d'années le hazard ſeul nous procura cette heureuſe Invention ; il eſt plus honteux pour nous de ne l'avoir pas trouvée d'abord qu'il ne ſeroit honorable pour vous de l'avoir enfin trouvée vous-même, puiſque c'eſt une des choſes dont l'ignorance annoncera toujours notre foibleſſe. *

Monſieur, vous me conſolez aux dépens du genre humain ; mais dites-moi, cet endroit où les Rayons colorés s'uniſſent au-delà du verre convexe, n'eſt-il pas entierement blanc ? J'ai quelque penchant à le croire.

Madame, dès que les Rayons ont traverſé la lentille, on les voit ſe confondre, s'effacer l'un l'autre & perdre

* Nous devons cette utile invention à un Artiſan Hollandois natif de Migdelbourg, & nommé Zacharie Janſen ; ſon métier étoit de faire des Lunettes. Un jour il mit par hazard deux verres vis-à-vis l'un de l'autre, & il s'apperçut que dans cette ſituation les deux verres groſſiſſoient conſidérablement les objets ; l'idée du Téleſcope lui vint dans l'eſprit, il en fit un de 12. pouces dès l'année 1590.

dre les belles proportions muſicales qu'ils avoient dans les eſpaces de l'image colorée.

Enfin, s'étant raſſemblés dans le foyer de la lentille, ils y forment une image circulaire entierement blanche, une eſpece de République, où toutes les Couleurs ſont miſes au même niveau ; le rouge n'étale plus la vivacité de ſon feu, ni le verd la riante livrée du Printems, ni l'azur le brillant manteau du Ciel.

Incorporés l'un dans l'autre, tous ces Rayons divers ne préſentent que la blancheur du Soleil d'où ils ſont partis, en ſorte pourtant qu'en ſe deſuniſſant au-delà du foyer, chacun d'eux réprend ſa Couleur & ſon éclat, mais dans un ordre renverſé, où l'œil ravi recommence à voyager de plaiſir en plaiſir.

Il ne vous ſera pas difficile de comprendre ce renverſement d'image, ſi vous vous ſouvenez des deux cannes que Deſcartes croiſoit l'une sur l'autre, & que vous jugiez plus efficaces qu'elles ne le sont en effet, pour expliquer les Phénoménes de l'Optique.

Cette nouvelle apparition des Couleurs au-delà du point où les Rayons s'unissent, fait voir qu'elles n'y perdent pas leurs teintes naturelles, comme on pourroit se l'imaginer, & que leur mélange seul produit la blancheur dans le foyer de la lentille.

J'entends présentement, reprit-elle, ce que vous me disiez hier, que l'immuabilité des Couleurs se soûtient encore, quand les Rayons simples s'entrecoupent & se croisent; car si cela n'étoit pas, on ne verroit point reparoître les Couleurs prismatiques au-delà du foyer qui les rassemble.

Vous y êtes, Madame, voilà précisément l'expérience qui décide en faveur de notre Systême; tel est le propre & le merveilleux des expériences de Newton, qu'elles ne sont pas bornées à la démonstration d'une seule chose, mais qu'elles en prouvent plusieurs à la fois, & qu'elles se confirment mutuellement ; c'est un bonheur dont elles sont redevables au lien presque Géometrique des différentes qualités de la Lumiere.

Je trouve, insista-t'elle, que ces expériences de Newton ressemblent aux batailles des Anciens, dont quelquesfois une seule suffisoit pour soumettre plusieurs Provinces au Vainqueur....... Vous pouvez ajoûter, Madame, que les expériences de la plûpart des autres Philosophes ressemblent aux batailles des Modernes ; souvent nos plus grands appareils, tout notre art militaire, tout le sang de plusieurs miliers d'hommes, n'aboutissent qu'à prendre une Place, qu'on rendra peut-être dans deux mois en vertu d'un Traité.

Mais pour retourner à votre expérience ; je dis la vôtre, car quoique vous ne l'ayez pas trouvée, vous avez cependant senti la nécessité de la trouver pour l'établissement complet du Système; notre Philosophe ne l'a point abandonnée sans la varier de cent & cent manieres.

Il falloit empêcher quelqu'un des Rayons colorés de traverser la lentille, c'étoit le vrai moyen de voir si le blanc de la petite image ronde en souffriroit quelque altération.

Newton le fit; il arrêta tantôt le Rayon rouge, tantôt le verd, & les autres successivement. Le blanc s'évanoüissoit à chaque fois, & l'image prenoit la Couleur qui devoit naître du mélange des Rayons qu'on laissoit passer; mais le même blanc revenoit frapper les yeux, dès que les Rayons interceptés trouvoient le passage libre.

L'absence de quelque Couleur, qu'on empêche de passer, s'apperçoit distinctement dans l'image circulaire, lorsqu'on se met un Prisme devant les yeux.

Ce Prisme décompose l'image, il fait voir les Couleurs dont elle est formée, parce qu'il les sépare en les rompant différemment.

Figurez-vous d'abord que les sept Rayons homogenes traversent la lentille, & que notre image est blanche, vous la verrez par le moyen du Prisme ornée de toutes les Couleurs, comme l'Arc-en-Ciel. Figurez-vous ensuite qu'on intercepte un Rayon, le même Prisme vous fera connoître que la Couleur de ce Rayon manque dans l'image.

Enfin on pousse l'expérience jusqu'à ne laisser passer qu'un seul Rayon au travers de la lentille, ce Rayon forme une image d'une seule Couleur, & l'on n'y voit que cette Couleur avec le Prisme.

Poussons encore plus loin notre curiosité, nous pouvons par le moyen des dents d'un peigne qu'on remuera rapidement de bas en haut, intercepter tour à tour les Couleurs de l'image circulaire ; vous verrez qu'alors elle conservera son teint blanc, l'interception n'y fera rien , parce que les sensations de toutes les Couleurs s'entresuivront dans l'œil avec une extrême promptitude.

N'avez-vous pas remarqué quelquesfois que quand on tourne rapidement un flambeau allumé, tout le cercle qu'il décrit dans l'air paroît lumineux ? Cela provient de ce que la sensation de Lumiere qu'il excite au fonds de l'œil en parcourant les différentes parties du cercle, dure un peu de tems, & subsiste jusqu'à ce qu'il soit retourné au même point.

Tout de même, lorsque les Couleurs se suivent promptement, l'impression de chacune d'entr'elles subsiste au fond des yeux jusqu'à ce qu'elles ayent terminé leur révolution entiere.

Pour lors toutes les impressions rassemblées sur la même partie de l'œil n'ont qu'un seul & même effet, qui eft d'exciter d'un commun accord la fenfation de la blancheur.

On peut voir auffi ce Phénoméne dans une rouë, dont le cercle peint de toutes les Couleurs prifmatiques paroît blanc, lorfqu'on la fait tourner avec une prodigieufe rapidité.

Je vous avoüerai, Monfieur, que quand même j'aurois trouvé l'expérience que je cherchois, il m'auroit été abfolument impoffible de la diverfifier jufqu'à ce point; Newton feul en étoit capable; j'aurois en vain donné la torture à mon imagination, quoique l'inconftance naturelle dont vous nous accufés tous les jours, dût m'être de quelque utilité dans cette entreprife.

Notre Philofophe, repliquai-je, ne manquoit point de cette inconftance, qui n'eft pas un fi grand défaut qu'on pourroit le croire; il avoit l'imagination la plus féconde & la plus poëtique pour inventer continuellement des expériences nouvelles, qui différentes les unes des autres concourent toutes à prouver la même chose ; on diroit qu'elles naissoient sous ses mains, comme les Poëtes disent que les fleurs naissent sous les pas des Belles.

L'image colorée faite par un Prisme devient blanche, lorsqu'on la regarde avec un autre Prisme tourné d'une maniere qui la racourcit, & qui en confond les Couleurs.

J'ai quelques fois observé la même chose dans l'Arc-en-Ciel, qui n'est que l'effet de la séparation des Rayons du Soleil dans les goutes de pluye. Ce méthéore paroit blanc, lorsqu'on le contemple au travers d'un Prisme, qui en retressit l'image, & qui en confond les teintes.

Quand le Ciel est sérain, ceux qui demeurent auprès des cataractes d'un fleuve voyent tous les jours l'Iris tracée par les Rayons du Soleil dans la bruine legere que forment les goutes d'eau en tombant sur des rochers;

&

& par conséquent ils peuvent voir plus souvent que nous la derniere expérience dont je viens de vous entretenir.

Tâchons, Monsieur, de n'être point jaloux de la fortune d'autrui ; nous n'avons point de cataractes, mais nous aurons une fontaine qui produira presque le même effet, son eau se brisera dans sa chute, & formera une pluye menuë, où le Soleil pourra peindre les Couleurs de l'Iris; nous y ferons nos Observations à loisir, & si vous le voulez, nous appellerons cette Fontaine *la Fontaine de l'Optique.*

Jusqu'à ce que vous ayez dans votre Jardin, Madame, les preuves du Systême de Newton, comme vous avez dans votre Galerie une source d'objections contre Descartes, nous n'avons qu'à rentrer dans la chambre obscure ; vous y verrez que la blancheur d'un papier posé sous l'image circulaire du Soleil, ne s'altérera point, pourvu que toutes les Couleurs primitives soient également confonduës dans cette même image.

Mais si l'image approchoit plus d'une Couleur que d'une autre, le blanc du papier se saliroit & prendroit quelque teinture de la Couleur dominante ; voyez maintenant si la vérité peut descendre du Ciel avec une plus grande escorte de preuves.

J'étois bien hardie, s'écria-t'elle, de vouloir marcher sur les traces de M. Newton; comment aurois-je pû trouver ces Expériences-là, toutes faciles & toutes simples qu'elles paroissent?

En revanche, Madame, vous possedez des secrets qui donneroient de quoi penser aux plus grands Philosophes; vous sçavez proportionner les doses d'espoir & de crainte, mélanger les regards flatteurs avec les airs indifférens pour ne pas laisser languir une passion amoureuse. Cela vous convient mieux que de sçavoir dans quelle dose on doit mêler des poudres de diverses Couleurs pour faire du blanc.

Notre Philosophe qui ne vouloit laisser rien à desirer dans son Systême, tenta ce dernier mélange; mais le blanc qui en provient est grisâtre & cendré, parce qu'en comparaison des Couleurs du Prisme, nos Couleurs artificielles sont trop imparfaites pour former un blanc vif & clair.

Malgré cela si ce mélange est exposé au Soleil, le blanc obscur deviendra clair & luisant; mais non pas jusqu'au point d'égaler la blancheur du papier, qu'on expose à la même Lumiere.

Delà vient que dans les Estampes enluminées, qui sont une des plus belles Inventions de notre siécle, & qui imitent parfaitement avec trois Couleurs toute la varieté de la Peinture, on laisse le papier découvert pour les clairs-forts & blancs.

N'oublions pas ici une autre découverte de Newton, elle est très-propre à montrer que le mélange des sept Couleurs primordiales produit le blanc; on fait fondre du savon dans l'eau, on bat cet eau jusqu'à ce qu'il s'y forme de l'écume, & quand l'écume s'est un peu reposée, on voit sur sa superficie quantité d'ampoules de diverses Couleurs.

Ecartons-nous un peu, regardons de loin ces Couleurs diverses, l'œil ne pourra plus les distinguer l'une d'avec l'autre, & l'écume paroîtra toute blanche comme la neige, ou comme certaines choses que les Poëtes galans ont coutume de comparer avec la neige, à cause de leur blancheur; outre que cette Expérience présente à l'esprit une idée si flatteuse, elle a sur les autres l'avantage d'être très-facile à exécuter.

Autant que j'en puis juger, Monsieur, la Philosophie est comme le Jeu des Echets; la moindre piece dans l'un & la moindre Expérience dans l'autre sont souvent d'une importance extrême, un pion bien posté par un habile Joueur peut donner échec & mat ; un peu d'écume est pour Newton une source d'Observations & de découvertes ; que de gens ont eu avant lui sous les yeux ces ampoules & cette écume sans y faire aucune attention ! les Anciens auront regardé mille fois tout cela avec une parfaite indifférence.

Madame, les Anciens sçavoient mieux juger de la beauté d'une Statuë ou d'un édifice que de l'utilité d'une Expérience ; Seneque connoissoit une espece de Prisme qui déployoit aux yeux les Couleurs de l'Arc-en-Ciel ; toute l'explication qu'il en donne, c'est qu'il n'y a là aucune Couleur véritable, mais seulement l'apparence d'une fausse Couleur pareille aux teintes dont le cou d'un pigeon est orné ; teintes fugitives & trompeuses, qui paroissent ou disparoissent, suivant que l'œil du Spectateur se remuë & change de situation.

Cette belle explication fait assez

voir que les Anciens ne se soucioient guéres d'interroger la Nature & de la suivre dans ses sentiers. Pour peu que Seneque eut daigné prendre la peine d'examiner son Prisme, il auroit trouvé une grande différence entre les Couleurs immuables que ce Prisme lui présentoit, & les Couleurs passageres que le Soleil peint sur les plumes d'un Pigeon.

Une espece de Microscope, dont le même Philosophe avoit aussi connoissance, & dont peut-être les Anciens se servoient pour graver si délicatement leurs Camayeux & plusieurs autres pierres, qui font l'admiration de nos jours; ce Microscope, dis-je, qui n'étoit qu'une boule de verre pleine d'eau, n'eut pas une meilleure fortune entre les mains de Seneque; nous lisons dans ses Ouvrages qu'il n'attribuoit l'aggrandissement qu'à la qualité de l'eau & non pas à la figure du verre où cette eau étoit contenuë. *

* Seneque n'a pas merité une critique si ri-

La pesanteur de l'air & quelques autres de ses propriétés étoient connuës des Anciens; malgré cela pour expliquer comment l'eau monte dans les Pompes aspirantes, ils recouroient à l'horreur du vuide, ils prétendoient que la Nature le craignoit, & qu'elle aimoit mieux violer les loix de la gravité des corps en faisant monter l'eau, que de souffrir une espace où il n'y eut rien.

Comme une folie en fait naître d'autres, cette grande aversion pour le vuide n'alloit que jusqu'à certain dégré de hauteur, mais au-delà, elle se changeoit sans doute en amour, puisqu'alors la Nature laissoit dans les

goureuse. On ne sçauroit douter qu'il n'attribuât à l'eau l'agrandissement des objets, mais il n'excluoit point la figure du verre, il joignoit les deux causes; pourquoi l'accuser de les avoir séparées? Voici son expression: *Les plus minces caractéres deviennent grands & lisibles, lorsqu'on les regarde au travers d'une boule de verre pleine d'eau; & les fruits renfermés dans du verre paroissent plus gros qu'ils ne le sont naturellement. Litteræ quamvis minuta, &c. quæst. nat. lib. 1. cap. 6.* N'est-ce pas là reconnoître que l'eau & le verre concourent au Phénoméne en question?

Pompes autant de vuide qu'on en vouloit.

Que vous dirai je de plus ? Néron dans sa maison dorée, qui étoit le plus superbe ouvrage du Despotisme universel, erigea un Temple d'une pierre si transparente que la Lumiere du jour y entroit, *quoique les portes fussent fermées.*

Pline au lieu de se contenter de dire que cette pierre étoit plus transparente que l'Albâtre, dit qu'elle ne transmettoit pas la Lumiere, comme sont les autres choses diaphanes, mais qu'elle la portoit dans son sein ; si cela étoit vrai, le Temple auroit été plus lumineux pendant la nuit qu'en plein jour. *

* Pline n'a jamais dit *que la lumiere du jour entroit dans ce Temple quoique les portes en fussent fermées*, *ni que la pierre portoit la Lumiere dans son sein.* Il dit seulement que sous l'empire de Neron l'on trouva dans la Cappadoce une pierre blanche, transparente, & dure comme le Marbre, & qu'elle fut nommée *Phengite*, en Grec φεγγίτης, à cause de son éclat. Il ajoûte : *Neron s'en servit pour construire dans l'enceinte de sa Maison dorée le*

Les Anciens aimoient mieux s'étonner que s'instruire; peut-être jugeoient-ils que les Expériences qui sont les seuls moyens d'admirer légitimement la Nature étoient trop materielles pour occuper l'attention d'un Philosophe; peut-être qu'ils auroient cru se rabaisser s'ils avoient consulté d'autres Oracles que la raison.

Sans doute, ils ne prévoyoient pas qu'un jour ces mêmes expériences conduiroient l'industrieuse posterité jusqu'au point de peser la flamme, qu'ils regardoient comme une subs-

Temple de la Fortune Seienne, qui avoit été consacrée par le Roy Servius. Il suffisoit d'ouvrir les portes pendant le jour pour que l'on vit dans le Temple autant de clarté que si l'on avoit été dans une place entierement découverte, ou bien autant que s'il y avoit eu beaucoup de fenêtres dans cet édifice, en sorte qu'on auroit pû s'imaginer qu'au lieu de transmettre la Lumiere, les murs en étoient eux-mêmes une source féconde. Quel mal y a-t'il dans tout cela ? Une portion de Lumiere entroit par les portes, une autre portion pénétroit au travers des murs, l'une des deux en particulier n'auroit pas bien éclairé l'intérieur du Temple, leur union y répandoit un grand jour. *lib. 36. cap. 22.*

tance parfaitement légere; & pour laquelle ils avoient imaginé une Sphere particuliere du feu, où ils disoient qu'elle s'élevoit.

Ils ne pensoient pas non plus que l'on pourroit calculer combien de substance nous perdons par la transpiration insensible dans l'espace de vingt-quatre heures, combien de barriques d'eau la Méditerranée exhale dans un jour d'Eté, ni combien la grandeur d'un homme diminuë par l'affoiblissement de ses muscles, depuis le matin jusqu'au soir; ni que nous contreferions la Nature même en imitant par certains mélanges chymiques, les Volcans de l'Ethna & du Vesuve, & les fureurs de la Foudre beaucoup mieux que ne fit jamais leur témeraire salmonée.

Qu'on eut demandé, par exemple, aux Anciens, si le Phosphore de Boulogne brilloit de sa propre Lumiere ou d'une Lumiere d'emprunt, Dieu seul peut sçavoir combien de folies ils auroient dit sur ce sujet en consultant la raison; au lieu que par le secours de l'Expérience, un Moderne sçait à quoi s'en tenir.

Qu'est-ce donc que le Phosphore? me demanda la Marquise..... C'est une pierre, continuai-je; on la trouve auprès de Boulogne, & quand on l'a bien calcinée, on n'a qu'à l'exposer quelque tems au grand jour, elle y gagne la proprieté de briller dans les ténébres; voilà pourquoi les Physiciens lui ont donné le beau nom Grec *de Phosphore*, qui signifie un corps lumineux.

Ne vous scandalisez pas, Madame, on donne volontiers des noms Grecs aux choses reservées à l'usage des Sçavans; quelque Sçavant pourroit fort bien honorer cet endroit-ci du nom *de Phoslophe*, qui dans notre Langue signifieroit la Colline de la Lumiere; un titre si brillant consacreroit pour toujours à la Philosophie & à l'érudition le Théatre de notre Entretien,

Grace aux gens d'Erudition, s'écria-t'elle, notre solitude pourra donc trouver un nom Athénien qui l'illustrera dans le Monde Sçavant ! Ho ! je conçois que c'est un grand honneur d'être appellé *Phosphe*.

Maintenant, insistai-je, la question se réduit à développer si le Phosphore de Boulogne ne fait qu'absorber des parties de la Lumiere dont il est frappé, ou bien si la Lumiere extérieure le met dans une agitation capable d'animer les feux qu'il porte dans son sein, tellement que ces mêmes feux s'élancent bien-tôt ensuite hors de leur prison, & jettent un éclat dont les yeux vulgaires sont surpris.

Dans le premier cas on seroit obligé de conclure que le Phosphore brille d'une Lumiere d'emprunt ; mais dans le second il faudroit avouer que toute sa splendeur lui appartient, & il en auroit beaucoup plus de gloire, puisqu'alors il mériteroit à juste titre le beau nom dont on l'a décoré.

Pour décider la question, un Moderne a fait une Expérience qui ne laisse aucun doute, il a choisi une espece de Lumiere, qui devoit sûrement manifester le larcin de ce nouveau Promethée.

Je vois d'ici, repliqua-t'elle en m'interrompant, ce que votre Moderne a fait; il a posé le Phosphore dans une des Couleurs de l'image prismatique pour éxaminer s'il prendroit la même livrée ou non.

S'il prend cette livrée, on doit juger qu'il s'imbibe de la Lumiere extérieure, & que son éclat ne vient pas de lui.

Mais s'il n'emprunte point la Couleur de l'image, nous reconnoîtrons que la Lumiere ne fait qu'agiter les parties du Phosphore, & les mettre hors de prison comme vous venez de le dire; alors il brillera par lui-même, & nous le comparerons plûtôt au Soleil qu'à Promethée.

Il n'est que trop vrai, m'écriai-je,

que les Belles sont tout ce qu'elles veulent être! Vous auriez grand tort si désormais vous vous plaigniez de votre peu de sagacité dans la Physique! Voilà justement le procédé du Boulonnois moderne, qui par le moyen de cette Expérience a immortalisé la gloire du Phosphore son Compatriote.

Cette Expérience qui vous appartient, laisse le Phosphore en possession de sa Lumiere; nous pouvons juger que beaucoup d'autres Phosphores pareils qu'on a trouvés depuis quelques tems en France, ont la même prérogative.

Anciennement le Phosphore de Boulogne ne partageoit qu'avec un autre Phosphore l'honneur de la singularité, maintenant nous en connoissons un nombre prodigieux qui augmente les richesses de la Philosophie.

N'a-t'on pas découvert que les Diamans sont le plus précieux Phosphore de la Nature? On les voit briller dans l'obſcurité, parce que la Lumiere qui les a frappés dans le grand jour, reveille les feux dont leur ſein eſt un tréſor inépuiſable. *

Voyez, Monſieur, à quoi ſe borne ma ſagacité dans les matieres Philoſophiques ! je n'ai jamais obſervé ce Phénoméne que j'ai tous les jours ſur moi.

Peut-être, Madame, que vous n'a-

* On pourroit tenter cette expérience, & n'y point réuſſir. Je l'ai faite il y a long-tems de pluſieurs manieres, & ſur pluſieurs diamants de différens Pays. J'ai mis un diamant au Soleil pendant quelques heures ; enſuite je l'ai porté dans une chambre parfaitement ténébreuſe, où il n'a pas jetté la moindre étincelle ; expoſé au grand jour ſans l'être aux rayons du Soleil, il a eu le même ſort. Approché du feu, ou d'une bougie, frotté avec diverſes étoffes, il m'a toujours paru également ſombre ; enfin je l'ai frotté contre une glace de Miroir, & pour lors il a montré quelques feux pâles, qui s'éteignoient auſſi-tôt que ma main le laiſſoit en repos. Cela n'empêche pas que le Diamant ne ſoit un Phoſphore, tel à peu près que les pierres à fuſil, mais beaucoup moins lumineux. A s'en tenir aux termes de l'Auteur, on n'appercevroit jamais la verité du Phénoméne, & l'on demeureroit dans l'incertitude, comme le fameux Rohault y eſt demeuré ſur cet article. Phy. Part. I. Chap. XXVII.

vez jamais été dans une chambre assez obscure. On m'a raconté qu'un jour le Docteur *Beccari* alla chez une Belle qui reposoit derriere un paravant, & dans un lieu sombre où tout accès étoit interdit à la Lumiere; cette Belle lui demanda s'il ne tenoit pas une bougie dans sa main; il répondit que non; elle assura constamment qu'elle voyoit pourtant briller quelque chose. *

Enfin, le Docteur soupçonna que c'étoit son Diamant qui frappoit les yeux de la Dame, & il reconnut en

* J'ai cru qu'il m'étoit permis de supprimer dans cet endroit quelques paroles du texte. L'Auteur dit : *Ou votre chambre n'étois pas assez obscure dans ces sortes de maladies . qui sont pour le beau sexe les suites fâcheuses du plaisir & du devoir , ou bien votre Médecin n'étoit pas aussi aimable que vous le méritez.* J'ignore si un Cavalier, qui en Italie peint aux Belles, sans nécessité *les suites facheuses de la grossesse* , leur présente un image agréable. Au surplus, qu'importe pour le Phénoméne dont il s'agit, que le Médecin soit bien fait ou défiguré ? Si un diamant doit briller dans les ténébres, il ne jettera pas moins de feũ au doigt d'un Esope, qu'au doigt d'un Adonis.

le

effet que sans le sçavoir il avoit longtems porté un Phosphore au doigt *; je vous laisse à penser si cette bague lui devint chere dans la suite ; il fit sur elle je ne sçais combien d'Expériences, pendant que d'un autre côté M. Dufay, le Pere de tant de Phosphores, annonçoit aux Physiciens François que les Diamans brillent dans les ténébres.

Quelle sécheresse, Monsieur, quelle stérilité dans la Philosophie des Anciens auprès de cette Philosophie moderne toute riante, toute lumineuse, & qui par ses Observations rehausse même le prix des Diamans!

Jugez, Madame, quel étoit l'aveuglement des Anciens, & demeurez convaincuë pour jamais que l'Expérience la plus légere est souvent d'une extrême utilité dans la Physique ; cette

* Il paroît vraisemblable que le diamant du Médecin Beccari ne brilla, que parce qu'il fut frappé de quelque foible rayon de Lumiere, qui entroit furtivement dans la chambre.

écume dont nous parlions tantôt ; cette écume si méprisable aux yeux des ignorans, fut un trésor pour Newton, puisqu'elle lui donna lieu de pénétrer les causes des différentes Couleurs que nous voyons sur les corps.

Il avoit découvert en général que certains corps paroissent de telle ou telle Couleur, parce qu'ils réfléchissent quelques sortes de Rayons plus abondamment qu'ils n'en réfléchissent d'autres ; d'où il concluoit que s'il n'y avoit qu'une seule espece de Rayons lumineux, il n'y auroit qu'une seule Couleur dans l'Univers, puisque la réfraction ni la réfléxion ne sçauroient en produire aucune espece nouvelle.

Cette connoissance qui auroit satisfait tout autre Philosophe, ne servit qu'à piquer la curiosité de Newton, & fut pour lui le prélude d'une infinité d'autres découvertes. Pourquoi cette étoffe réfléchit-elle plus volontiers les Rayons azur que les Rayons rouges, violets ou jaunes ?

En voici la raiſon, Madame, & j'eſpere que vous en ſentirez la juſteſſe.

Lorſqu'on ſouffle dans de l'eau de ſavon par le moyen d'un chalumeau, il s'y forme quantité d'ampoules; couvrons-en une avec un verre pour empêcher que l'air ne la détruiſe; nous obſerverons d'abord qu'elle eſt parſemée de diverſes Couleurs qui s'étendent comme autant d'anneaux l'un dans l'autre autour de ſa ſommité.

Enſuite à meſure que l'ampoule ſe ſubtiliſera par la chute de l'eau vers les parties inférieures, on verra les anneaux ſe dilater lentement & deſcendre juſqu'en bas, où ils s'évanoüiront enfin l'un après l'autre.

La variété des teintes que nous venons d'examiner dans les anneaux, dépendoit certainement de l'inégalité des groſſeurs que l'ampoule d'eau avoit dans ſes différentes parties, mais cette inégalité n'étoit pas facile à déterminer, & peut-être que tout autre qu'un Newton ne s'en ſeroit jamais tiré heureuſement.

Toujours guidé par la Géométrie, dont il fut le plus cher nourrisson, toujours soutenu par son génie observateur, dont la fécondité s'accroissoit dans les expériences les plus délicates & les plus épineuses, il suivit pas à pas ces petits anneaux colorés, & les éprouva en mille & mille manieres.

Enfin, il trouva que certaines grosseurs déterminées sont nécessaires dans *une petite lame d'eau* pour qu'elle réfléchisse une certaine Couleur ; que d'autres grosseurs différentes font briller d'autres teintes, & qu'en général il faut moins de grosseur pour réflechir les Rayons les plus refrangibles, comme l'indigo & le violet, que pour réfléchir ceux qui ont moins de réfrangibilité, comme l'orangé & le rouge ; tout cela en ne parlant que d'une même matiere.

Mais si l'on parle de deux matieres, dont l'une soit moins condensée que l'autre, comme l'air à l'égard de l'eau, il faudra une grosseur plus considérable dans celle-là que dans celle-ci, pour réfléchir les mêmes Rayons.

Newton a déterminé tout de même les grosseurs nécessaires pour la transmission des Couleurs ; il observa les analogies, les rapports mutuels entre les petites lames des matieres qu'il considéroit, & les particules dont les autres corps sont composés.

Par ce moyen il découvrit que les teintes différentes proviennent d'une diversité de grosseur & de condensation dans les particules ; d'où il suit que certaines particules sont propres à réfléchir ou à transmettre des Rayons d'une certaine Couleur, & les autres d'autres Rayons.

Rien de plus marqué que cette analogie, les feuilles d'or & les particules de plusieurs autres matieres, transmettent une Couleur & en réfléchissent une autre, comme on le voit dans les anneaux de l'ampoule dont nous avons parlé ; ces anneaux paroissent de Couleur changeante suivant les diverses situations qu'on prend pour les regarder; autant en font certaines soyes & les subtiles toiles de l'araignée, & les plumes de cet Oyseau, dont le Tasse disoit si agréablement;

Lorsqu'en soûpirant ses Amours
La fidele Colombe étale son plumage
Aux rayons du Flambeau des jours,
Mille belles Couleurs deviennent son partage;
Tantôt c'est le feu du Rubis,
Tantôt l'Améthyste riante,
Ou l'Emeraude verdissante;
Flore sçait moins changer de parure & d'habits.

Tel est l'effet de l'inégale grosseur des particules à l'égard de la réflexion. Vous pouvez en voir une preuve dans les poudres dont les Peintres se servent; car lorsqu'on les subtilise, lorsqu'on les broye finement, elles souffrent quelque altération dans leurs Couleurs.

On peut mettre les corps naturels au rang des étoffes, dont les fils réfléchiſſant chacun en particulier certaines ſortes de Rayons, font que toute l'étoffe paroît de la Couleur qui doit naître du mélange des Rayons réfléchis en général.

Mais, Monſieur, que deviennent les Rayons qui ne ſont pas réfléchis, en ſçait-on quelques nouvelles ? .... Ces Rayons-là, Madame, paſſent au travers, ou s'éteignent, & ſe diſſipent entre les particules des corps.

Une feüille d'or poſée entre la lumiere & l'œil eſt diaphane, & dans cet état elle paroît d'un azur tirant ſur le verd; mais une maſſe de feüilles d'or perd cette Couleur avec la tranſparence, parce les Rayons qui traverſent la premiere feüille, ſont éteints en traverſant ſucceſſivement les autres.

Les corps blancs ſont des étoffes compoſées de fils, qui réfléchiſſent & chaſſent au loin toutes ſortes de Rayons, voilà pourquoi ils s'échauffent avec peine; au contraire les corps noirs éteignent & absorbent les Rayons de toute espéce, & par cette raison ils s'échauffent beaucoup plus facilement ; une de ces Capelines noires, que les Angloises portent souvent dans les allées du Parc Saint James, ne vous conviendroit guéres pour vous promener au Soleil d'Italie.

Des mêmes causes naissent les différentes teintes, que nous admirons dans les Campagnes de l'air ; l'inégale densité des exhalaisons & des vapeurs qui s'élevent de la Mer & de la Terre, peint diversement la face du Ciel, quand l'Aurore *avec ses mains pleines de Roses* ouvre les portes de l'Orient, & rappelle les hommes au travail, ou quand l'Etoile de Venus les invite au repos & au plaisir.

Avoüons cependant la foiblesse de notre Philosophie, & convenons qu'il ne seroit pas aisé de marquer précisément pourquoi les Couleurs célestes sont presque les mêmes, & se suivent

suivent dans un ordre presqu'invariable, tant au lever qu'au coucher du Soleil.

Une chose, qu'on sçait bien, & qui prouve le Systême de Newton, c'est que les différentes Couleurs des yeux proviennent de la différente tissure de l'Iris, espece de tunique, ou de membrane, dont notre prunelle est environnée.

La variété des fibres de l'Iris allume dans les uns l'impérieux regard d'un œil noir, & forme dans les autres la séduisante douceur des yeux bleus; mais il seroit encore très-difficile de marquer la cause constante, qui fait que les Peuples Septentrionaux ont généralement les cheveux blonds, & les yeux azur ou gris, pendant que nous autres, qui sommes d'une imagination plus vive, & sous un climat plus chaud, nous avons les yeux noirs comme les cheveux.*

* Il n'est pas impossible d'expliquer la cause de ce Phénoméne; c'est le froid du climat, qui

Quoiqu'il en soit, on développe assez commodément dans notre systême un Phénoméne, qui seroit peut-être inexplicable dans d'autres principes ; cet honneur compensera notre peu de pénétration dans quelques cas particuliers, qui bravent les lumieres & la curiosité des plus grands Philosophes.

en général donne des cheveux blonds & des yeux azur ou gris aux Peuples septentrionaux. Les vaisseaux capillaires, qui portent le suc nourricier aux cheveux & à l'Iris, *sont resserrés* par le froid; en se resserrant ils ne s'abreuvent que d'un suc très-foible, & de cette foiblesse provient dans les fibres une tissure qui n'est propre qu'à réfléchir les Couleurs en question. Voilà pourquoi la barbe & les cheveux des hommes blanchissent, lorsque leur chaleur naturelle s'éteint. Voilà pourquoi dans les Alpes on trouve des Lievres blancs & des Perdrix blanches. Une expérience que j'ai faite peut confirmer ici la vérité. J'achetai une Perdrix blanche à Lanebourg; l'ayant plumée & mise dans une cage où je la nourrissois d'une pâte composée de Pignons, de Chenevis, & de Farine, je la portai jusqu'à Novare. Dès qu'elle fut dans un air plus chaud que son air natal, ses plumes commencerent à revenir, mais elles n'avoient plus leur premiere blancheur, elles grisonnoient, & montroient une teinte plus foncée.

Une liqueur rouge, une liqueur azur, toutes deux transparentes, perdent cette derniere qualité, lorsqu'on regarde en même-tems au travers de l'une & de l'autre.

Ce Phénoméne si surprenant, n'est qu'une conséquence de la doctrine de Newton. L'une des deux liqueurs ne transmet que les Rayons rouges, & l'autre que les Rayons azur ; ainsi les Rayons transmis par l'une sont éteints & absorbés par l'autre, l'œil, qui regarde au travers n'en reçoit aucun. Un Phénoméne de cette espece devient une preuve victorieuse pour le systême, qui est capable de l'expliquer.

On m'a raconté, dit la Marquise, que certains Aveugles distinguent les Couleurs au toucher ; j'en ai douté jusqu'à present, mais le fait commence à me paroître croyable ; n'est ce pas encore là une preuve de notre systême ? Si nous avions l'attouchement plus fin & tel, que l'ont peut-être ces mêmes Aveugles, nous devinerions la Couleur des corps en sentant les différentes grosseurs de leurs particules.

Pour lors, ajouta-t'elle, nous ferions par la délicatesse de notre sens, ce qu'un Newtonien feroit par le moyen des calculs, si quelqu'un lui reveloit la secrette tissure des corps & la grosseur des parties, dont ils sont composés.

Vos Aveugles, lui répondis-je, pouvoient encore distinguer les Couleurs au toucher dans le défunt systême de Descartes, puisque suivant Descartes il doit y avoir de la différence entre les particules des corps pour modifier diversement les Rayons de la lumiere, & pour varier le spectacle de la Nature.

Cette preuve est, comme vous le voyez, trop ambiguë pour figurer parmi tant d'autres preuves éclatantes, qui soutiennent les découvertes de Newton ; il y a de même trop d'équivoque dans ce qu'on dit d'une espece de Barometre, que les Chinois consultent pour prévoir quel tems il fera ; c'est une Statuë posée sur une Montagne, & cette Statuë annonce les changemens du Ciel & de l'Air, suivant qu'elle change de couleur.

Ne vaudroit-il pas mieux chercher un Phénoméne plus voisin de nous? La France, qui est le séjour de la politesse & de la galanterie, nous en offre un, qu'on ne peut expliquer que dans le systême Anglois. Quelle raison oblige les Dames de cet heureux climat à mettre plus de rouge pour paroître dans une Loge à l'Opera que pour promener leurs appas dans les Thuileries?

En verité, Monsieur, vous transplantez le systême de Newton dans des endroits où vous auriez eu peut-être beaucoup de peine à conduire l'Auteur...... J'en aurois eu moins que vous ne le croyez, Madame, s'il avoit été sûr de vous trouver dans ces mêmes lieux ; vous lui auriez fait oublier que son temperament ne l'y appelloit pas.

Mais revenons à notre Phénoméne. La Lumiere des flambeaux n'est pas aussi blanche que celle du jour, elle tire sur le jaunâtre, & lorsqu'on la fait passer au travers d'un Prisme, on voit que les Rayons jaunes y sont les plus brillans.

Ainsi, moins une Dame aura chargé son rouge, plus il se ressentira du jaune qui abonde dans cette espece de lumiere ; tout de même que dans une chambre où la lumiere n'entreroit qu'au travers d'un rideau coloré, les objets prendroient d'autant plus facilement la Couleur du rideau, que leur propre Couleur seroit moins forte & moins vive. Cette raison veut qu'on augmente la dose du rouge pour aller à l'Opera, sans quoi le visage des Belles, & les yeux de leurs Adorateurs ne trouveroient pas leur compte aux bougies, autant qu'à la clarté du jour.

Dans le systême François une précaution si sage seroit inutile, car si le vermillon peut modifier la lumiere du jour, il peut également modifier celle du soir.

N'est-ce pas là, Monsieur, un sujet de mortification pour les Dames Françoises? Elles ont un systême compatriote, qui ne sçauroit expliquer les Phénoménes de leur rouge, elles sont contraintes d'implorer le secours d'un systême d'outre-Mer! mais d'un autre côté il est bien glorieux pour celui-ci d'étendre ses droits sur toutes les Nations, & de leur dicter jusqu'à des leçons de Toilette.

Cette leçon, Madame, n'est pas la seule que le systême Newtonien donne au beau sexe. Si vous voulez qu'une étoffe d'azur ne devienne pas verdâtre le soir, (malheur, qui déconcerteroit l'harmonie d'un habillement, & qui causeroit mille petits chagrins qu'on est bien-aise d'éviter,) choisissez un fond vif & net; autrement les Rayons azur, mêlés avec les Rayons jaunes, que votre étoffe réfléchiroit aux bougies, pourroient la faire paroître verte.

Tous ces Phénoménes étoient des nœuds-gordiens pour l'Optique, le systême de Newton les a défaits sans les couper ; chez lui l'agrément & la solidité marchent d'un pas égal ; il ne veut point d'explications équivoques, point de preuves, qui n'ayent la force d'une démonstration complette.

Par exemple, une certaine Analogie qui se trouve entre la production des Couleurs & la production de plusieurs autres choses, pourroit servir de preuve dans un systême vulgaire, mais le nôtre n'employe cette similitude que comme un simple ornement.

On a découvert que les Plantes, les Insectes, les Animaux, les hommes au lieu d'être continuellement reproduits par la Nature, ne font que se développer de leurs germes, où ils attendent les dispositions nécessaires pour éclore; c'est à dire, que les Animaux attendent le sein d'une mere, & les Plantes une terre favorable, tous en commun certains sucs nourriciers, & certains dégrés de chaleur avec plusieurs autres conditions pareilles.

Rapprochons-nous des Couleurs, nous connoîtrons qu'elles ne sont pas produites à chaque réfraction, ni à chaque réfléxion, comme on le croyoit autrefois; elles se développent, s'il est permis de le dire, du sein de la Lumiere même, quand cette Lumiere est réfractée par un Prisme, ou réfléchie par les corps. Un semblable développement convient beaucoup aux Loix universelles de l'ordre établi par la Nature.

C'est suivant un ordre si sage qu'on voit les Couleurs de l'Iris se développer, nous pouvons en dire autant des Couronnes, qui parent le Soleil & la Lune, autant de l'éclat d'une certaine Lumiere qui depuis quelques années se montre souvent vers les parties du Septentrion, ou que du moins on observe plus assiduëment qu'autrefois, & qu'on appelle Aurore boréale.

Quelque richesses que la Nature nous étale dans cette varieté de Couleurs, répliqua la Marquise, elle a pourtant usé d'une certaine économie dans leur production; au moins me paroît-elle plus économe chez les Disciples de Newton que chez les Cartésiens.

La Nature Newtonienne a fait de la Lumiere un vaste reservoir des Couleurs, qu'elle a produites une fois pour toujours; elle les a renduës incapables d'aucune altération, elle leur a donné seulement le pouvoir de se diviser les unes d'avec les autres, & de nous montrer par cette division les teintes variées, que tous les Rayons unis & mêlés ensemble ne sçauroient offrir à nos yeux.

Quelle différence chez les Cartéſiens! il faut pour les contenter que la Nature donne ſans ceſſe aux Globules mille nouveaux mouvemens de rotation, & qu'elle ſonge encore à diverſifier ſon concours dans les circonſtances les plus légeres. En vérité je la plains, on l'accable d'une fatigue continuelle!

On pourroit dire, Madame, que cette Nature *n'a ni Fêtes ni Dimanches pour ſe repoſer*, comme on l'a dit du Dieu de Mallebranche ſans ceſſe occupé à produire les idées de notre Ame au moindre mouvement de notre corps. Quoiqu'il en ſoit, ſi les diſpoſitions que les Couleurs ont à ſe ſéparer, ménagent le loiſir de la Nature, & lui épargnent quelque peines, elles ne laiſſent pas d'être ſouvent incommodes pour nous.

Incommodes, dites-vous, Monſieur! & par quelle raiſon? N'eſt-ce pas à des diſpoſitions ſi ſages que nous devons la varieté de l'Univers? Quel ſeroit notre ennui ſi nous n'appercevions dans tous les objets qu'une répetition de la même Couleur.

Vous appréhendez, lui répondis-je, comme un grand mal, *de voir toujours le Monde à clair-obscur*, s'il est permis d'user d'une semblable expression. Vous craignez de n'avoir qu'une seule Couleur pour vous parer, & ce qui est pire encore une, Couleur dont vous seriez vous-même.

Joignez à cela, Monsieur, que je craindrois sur-tout de perdre avec la varieté des Couleurs un sujet d'Entretien extrêmement flatteur pour les Dames.

Toutes ces disgraces, continuai-je, ne manqueroient pas d'arriver, si les Rayons n'avoient une disposition naturelle à se séparer les uns d'avec les autres; le Cameléon & les teints surannés y perdroient considérablement; car on sçait qu'il y a certaines personnes, qui sans se donner la peine de changer de peau, sçavent fort bien changer de coloris dans l'espace de douze ou de vingt-quatre heures.

En revanche, si tous les Rayons étoient inséparables & d'une même Couleur, les Astronômes y gagneroient beaucoup. Quelle chose un Astronôme ne sacrifieroit-il pas pour déterminer exactement le tems des Eclipses d'un Satellite de Jupiter, & pour bien voir la fuite d'une Etoile qui se dérobe aux regards de la Lune?

Cette Nation n'aime qu'à contempler les Cieux; elle ne se soucie de la Terre qu'autant que la Terre est une Planete; soyez persuadée qu'il importeroit fort peu aux Astronômes que nos Dames ne pussent pas avoir tous les jours des habits de différentes Couleurs, ou que l'unité de la Couleur produisît d'autres inconvéniens semblables.

Mais de grace, Monsieur, quel tort la *séparabilité* des Rayons colorés peut-elle faire aux Observations de ces gens-là, pour qu'ils soient en droit de nous regarder de mauvais œil, & de nous envier l'innocent plaisir que nous trouvons dans la varieté des Couleurs ?

Croyez, Madame, que la séparabilité des Couleurs intéresse les Observations des Astronômes, vous n'en douterez point quand vous sçaurez qu'elle nuit aux Télescopes, que l'on peut regarder comme leurs yeux; je vous ai dit que les lentilles dont les Télescopes sont composés, unissoient les Rayons dans un point; mais je l'ai dit pour marquer plûtôt ce qu'elles devroient faire, que ce qu'elles font réellement.

Fort bien, Monsieur ! vous m'avez représenté vos verres convexes, à peu-près comme les Tragédies nous représentent les Héros, qu'elles nous peignent plûtôt tels qu'ils devroient être, que tels qu'ils sont en effet.

Il faut vous avouer, Madame, que j'ai usé d'une expression un peu Poëtique, lorsque je vous ai dit que la lentille rassembloit les Rayons dans un point; car son foyer n'est pas un point précisément, mais un petit cercle nommé par les Physiciens l'aberration de la Lumiere.

Cette irrégularité provient de deux causes; premierement de la figure que l'on donne aux lentilles. En second lieu de la disposition naturelle que les Rayons auront toujours à se séparer; mais dans le fonds, l'imperfection de la lentille n'est presque rien en comparaison de l'obstacle, qu'apporte la réfrangibilité diverse; voilà pourquoi ceux qui ont tâché de donner aux lentilles une figure capable d'assembler précisément les Rayons dans un point, y ont perdu leur tems & leurs peines.

Dans l'âge d'or décrit par les Poëtes, dans ce siécle délicieux, où des fleuves de lait arrosoient la Terre, où les chênes étoient chargés du Nectar des Abeilles, on voyoit bondir le superbe Belier paré d'une pourpre sans mélange & sans apprêt, l'Agneau étaloit au Soleil une Toison décarlate, qui ne devoit rien aux mains de l'Artisan ; l'homme montroit son cœur sur ses lévres, les passions ignoroient le sentier du crime, l'amour ne soupiroit point par étude & ne pleuroit jamais que de plaisir. Peut être qu'alors la Lumiere auroit satisfait distinctement notre curiosité ; peut-être qu'avec le secours des Télescopes nous n'aurions eu rien à désirer pour voir les objets lointains dans toute la beauté de leurs Couleurs.

Mais dans notre siécle de fer où les passions & les Couleurs ont perdu leur ancienne pureté, quelque figure qu'ait la lentille, le point du concours des Rayons verds ou violets sera toujours différent du point, qui rassemble les Rayons rouges ou jaunes, & il y aura toujours par nécessité quelqu'aberration ; ainsi le petit Cercle ne deviendra jamais un point, tel que le souhaiteroient les Astronômes, qui ont besoin de discerner toutes choses dans une précision parfaite. Ils ne sçauroient voient obtenir cette précision si nécessaire, parce que l'inégale réfrangibilité s'y oppose.

Hé bien, dit la Marquise, il faudra que ces Messieurs prennent patience malgré toute leur délicatesse ; qu'ils fassent des vœux pour le retour du siécle d'or, & qu'en attendant ils mettent des bornes à leurs désirs & à leurs besoins, comme font les gens raisonnables ; en un mot, qu'ils se contentent de la diverse réfrangibilité des Rayons sans exiger dans les objets une précision si parfaite ; on ne peut pas obtenir tant de bonheur à la fois dans le monde ; est-ce donc peu que d'avoir acquis la connoissance de tant d'admirables propriétés de la Lumiere ? Vos Astronômes n'ont guéres bonne grace d'oser demander quelque chose de plus ?

Leurs désirs, répliquai-je, & leurs besoins sont pourtant si raisonnables & si bien liés avec ceux des autres personnes, qui ne donnent pas dans l'Astronômie, que Newton a cherché le moyen de les satisfaire; il consacra quelques-uns de ses précieux momens au soin de nous procurer des verres d'une figure nouvelle, c'étoit alors le tems d'avoir tout ou de ne plus rien esperer.

Pendant que Newton s'occupoit de cette idée il découvrit la diverse réfrangibilité des Rayons; pour lors au lieu de s'amuser à corriger les défauts des lentilles communes, il inventa un nouveau Télescope dans lequel un Miroir concave tient la place du verre objectif; celui-ci fut suprimé, parce qu'il étoit le plus coupable dans l'aberration de la Lumiere.

J'ai vû le premier Télescope de cette espece, travaillé par les mains de Newton, par ces mêmes mains qui avoient déja tracé aux Planetes la route qu'elles doivent suivre dans les vastes déserts des Cieux, & facilité aux Géometres l'immense carriere de l'infini; on les conserve en

Angleterre dans une maison de plaisance, ou tout respire l'agrément & la sagesse ; on y garde encore les premiers Prismes, qui secondant la curiosité de notre Philosophe, *anatomiserent* devant lui les Rayons lumineux, en séparerent les rubis, les hyacintes, les émeraudes, & déployerent aux mortels toutes les richesses du jour.

Newton fonda l'idée de son nouveau Télescope sur ce que la réflexion d'un Miroir, ne sépare point les Couleurs comme fait la réfraction au travers d'une lentille, d'où il s'ensuit qu'on doit voir les objets moins distinctement avec la lentille qu'avec le Miroir.

On a éprouvé en Italie où la vérité ne laisse pas de trouver des Adorateurs, & Newton des Partisans; on a, dis-je, éprouvé que si l'on regarde avec un Télescope ordinaire un objet moitié rouge & moitié azur, il faut racourcir considérablement le Télescope pour distinguer la partie d'azur ; & au contraire l'allonger pour bien voir la partie rouge; au lieu que sans changer de longueur on les voit l'une & l'autre dans une égale netteté, lorsqu'on les regarde avec le Télescope de Newton.

Un autre avantage du Télescope de réfléxion, c'est qu'avec un pied de longueur il vaut autant qu'un Télescope ordinaire, qui en auroit douze ou quatorze; avec six autant qu'un autre, qui en auroit cent. Cela est très-commode pour les Astronômes; car ils trouvent que les Télescopes trop longs sont difficiles à manier.

Tant mieux pour nous, s'écria la Marquise, que ces Astronômes soient contens; ils me paroissent pourtant bien difficiles à satisfaire..... Comment voudriez-vous, Madame, qu'ils ne fussent pas satisfaits de Newton, qui semble n'avoir pensé que pour eux? Outre qu'il leur a procuré un Télescope plus maniable & plus parfait que tous les Telescopes anciens; n'a-t-il pas empêché que l'Astronomie ne fût décreditée dans le monde? Vous sçavez que le principal honneur de cette science est de prévoir exactement les Eclipses, parce qu'elles ne frapent pas moins les yeux du vulgaire, que les yeux des Philosophes.

Autresfois, Thalès Milésien fût respecté comme un Dieu, pour avoir marqué l'année où devoit arriver une Eclipse du Soleil, c'est-à-dire où la Lune posée entre le Soleil & la Terre nous déroberoit l'aspect de cet Astre.

Présentement que l'Astronomie s'est perfectionnée de main en main, ce qui auroit fait dresser un Temple à la gloire de Thalès, ne serviroit qu'à deshonorer nos grands Observateurs, tels qu'un Halley, un Cassini, & un Manfredi.

On veut que l'Observatoire nous marque la minute où l'Eclipse arrivera; on veut sçavoir si la Lune offusquera tout le Soleil, ou seulement une partie de cet Astre, & quelle doit être l'étenduë de la partie cachée.

Or il n'y a pas long-tems que les plus célebres Astronômes nous menaçoient de deux Eclipses totales; ces Eclipses là sont assez rares, elles répandent la tristesse & l'horreur dans l'Univers, elles causent une nuit soudaine, qui quoique prédite, quoi qu'attenduë, ne laisse pas d'étonner cette bizarre espece d'animaux, qu'on appelle les Hommes; espece qui sert d'azyle aux contradictions les plus ridicules; qui se repaît de longues espérances, & de passions impétueuses; qui connoît les plus évidentes vérités, & qui s'abandonne aux erreurs les plus grossieres; capable en même-tems d'oser plus que son état ne le comporte, & de craindre plus que sa raison ne le permet.

Chacun se leva de bonne heure aux jours marqués pour voir ce spectacle; chacun s'attendoit qu'au milieu de l'Eclipse la Lumiere du Soleil s'éteindroit entierement; & que dans l'éclat du plus beau jour on verroit naître la nuit la plus ténébreuse.

Mais les choses n'allerent pas comme on le croyoit ; il resta autour de la Lune un anneau radieux, qui trompa beaucoup de gens en leur faisant prendre ces deux Eclipses pour des Eclipses annulaires.

Quand le Soleil & la Lune sont aussi voisins l'un de l'autre qu'ils peuvent l'être, il se fait quelquesfois une Eclipse nommée annulaire ou centrale, parce que la Lune dans cette position ne sçauroit nous cacher tout le Soleil ; ainsi le Soleil la déborde, & montre un filet lumineux qui ressemble à un anneau.

L'Astronomie ne trouvoit pas son compte dans cette explication, qui suivant l'état du Ciel ne pouvoit convenir en aucune maniere aux deux Eclipses, dont il s'agissoit, & le monde ne trouvoit pas mieux son compte dans l'Astronomie, dont il se croyoit la dupe. Les uns murmuroient, les autres se fatiguoient à chercher la cause de l'anneau, qui s'étoit fait voir au mépris de leur calcul; tel en rejettoit la faute sur une atmosphere radieuse qui flottoit autour du Soleil, comme l'air autour de la Terre, & qui se rendoit visible dans la suppression de la lumiere principale.

Tel autre s'en prenoit à l'atmosphere de la Lune, & soûtenoit que cette atmosphere illuminée dans le tems de l'Eclipse formoit l'anneau brillant, dont l'apparition imprévûë mettoit les Observateurs en défaut.

Mais par malheur la premiere atmosphere ne se trouva point coupable de l'irrégularité dont on l'accusoit, & la seconde paroissoit si douteuse, qu'on pouvoit la prendre pour une marque de la consternation des Astronômes, plûtôt que pour l'explication du Phénoméne.

Je me sens quelque pitié pour ces malheureux, répliqua la Marquise; les voilà dans un état digne de compassion,

passion, broüillés avec le Ciel, méprisés par les hommes, & décredités par leur propre foiblesse, tout semble se liguer contre leur gloire. N'entrons point dans cette conspiration générale, il sied toujours bien de plaindre les affligés.

Enfin, continuai-je, il fallut consulter les Oracles Newtoniens, qui furent l'unique ressource qu'on put trouver dans un état si déplorable. Lorsque les Rayons de la Lumiere passent auprès de l'extrémité d'un corps, ils se courbent, ils se plient vers le corps même, & se jettent dans son ombre. Si vous mettez une lame de couteau sous les Rayons qui entrent dans la Chambre obscure, vous les verrez s'écarter de leur chemin, & s'approcher du fer.

Cette proprieté, que l'on appelle diffraction ou infléxion de la Lumiere, fut premierement observée par le Pere Grimaldi, ensuite illustrée par plusieurs expériences de notre Philosophe, qui a fait beaucoup, mais qui souhaitoit faire encore d'avantage.

Suivant cette découverte on conçoit que, quand les Rayons du Soleil rasent les bords de la Lune, ils doivent se courber, & se jetter dans l'ombre qu'elle répand ; les Observateurs, qui sont plongés dans cette ombre au tems de l'Eclipse, doivent par conséquent recevoir ces Rayons pliés, comme venans de la Lune même, & voir autour d'elle un anneau lumineux, une espece de crépuscule semblable à celui que l'horison nous montre tous les soirs, & quelquefois le matin.

L'unique différence du crépuscule & de l'anneau, c'est que le crépuscule est causé par la réfraction que la Lumiere souffre en venant des espaces celestes dans notre air, & l'anneau par l'infléxion des Rayons du Soleil autour des bords de la Lune, mais tous deux composés de Rayons, que la Nature sembloit n'avoir pas destinés à cet effet.

Pour mieux prouver que telle eſt la vraye cauſe de cet anneau, on a fait pluſieurs Globes de Lunes artificielles, on les a expoſés en face au Soleil, & à la Lune dans ſon plein, & l'on a vu ſur la Terre les effets de cette diffraction, dont l'ignorance avoit penſé ruiner l'honneur de l'Aſtronomie.

Les Aſtronômes, dit-elle, ont grand ſujet d'être contens de M. Newton, qui les a tirés d'un ſi mauvais pas ; mais, pour vous avoüer la verité, l'infléxion me ſatisfait peu. Oſerai-je vous demander d'où vient que les Rayons qui paſſent à quelque diſtance des corps doivent ſe plier & ſe courber ? L'idée que m'offre cette nouvelle proprieté de la Lumiere, me paroît abſolument incomprehenſible.

Comment donc, Madame, vous êtes plus difficile à contenter que les Aſtronômes, vous voulez ſçavoir encore la cauſe de la diffraction, je vous la dirai ; mais ne vous ſcandalisez point quand je vous l'aurai dite ; c'est l'attraction que les corps exercent sur la Lumiere.

L'attraction, Monsieur, repliqua-t'elle d'un air surpris, vous vous joüez de ma crédulité, ou plûtôt vous voulez me punir de ce que je suis trop curieuse ! Quoi ! les corps attireront la Lumiere, comme l'Aiman attire le fer & l'acier !

Mais, Madame, quel mal en résulteroit-il, ou plûtôt quels avantages l'Optique n'a-t'elle pas tirés de cette attraction entre les corps & la Lumiere, aussi-bien que toute la Physique en a tiré de l'attraction générale, dont celle-ci n'est qu'une conséquence ?

L'attraction est la clef de la Philosophie, c'est le grand ressort de la Nature, c'est une force universelle & mystérieuse que Newton a découverte & calculée ; Bacon de Verulam l'avoit proposée aux Philosophes, & l'Homere Anglois en avoit jetté quelque lueur dans ses beaux Vers,

Alors la Marquise se recueillant en soi-même, & me regardant en face, comme pour examiner de quel air je lui parlois : quoi, Monsieur, insista-t'elle, vous me dites sérieusement que tous les corps s'attirent ! en verité vous m'entraînez dans un nouveau Monde, où je me trouve bien étrangére !

Ne vous troublez point, Madame, ce qui vous arrive, est arrivé à beaucoup de Philosophes, ils ont crié que d'admettre l'attraction c'étoit ressusciter les qualités occultes, & ranimer la superbe ignorance des Anciens, qui ne parloient que de sympathie, d'antipathie, & de mille autres proprietés semblables, dont le nombre se multiplioit autant que les Phénoménes, moyennant quoi l'on expliquoit, ou plûtôt l'on embroüilloit tout en moins d'un clin d'œil.

On crie que c'est rappeller les qualités occultes du fonds de certains Colleges, où l'obstination & l'amour des vieux préjugés leur font trouver encore un azile, & où la raison & la bonne Philosophie les avoient éxilées pour le bonheur du genre humain.

Tant s'en faut que l'attraction soit une qualité occulte, c'est au contraire une qualité très-manifeste; sans elle on ne sçauroit expliquer ni la diffraction ni la réfraction de la Lumiere, non plus que tant d'autres choses, dont la connoissance n'est pas moins flatteuse; ce n'est point un nom chimérique, un nom inventé pour développer deux ou trois Phénoménes, mais un principe général répandu dans toute la Nature, & qui s'étend depuis le plus petit grain de sable jusqu'aux plus grands corps du Monde planetaire.

Avec leurs qualités occultes les Péripatéticiens étoient semblables aux esprits superstitieux, qui fabriquoient sans cesse de nouvelles Divinités pour le moindre arbrisseau, pour le plus petit fleuve, pour la fiévre même, &

pour la colique. Mais avec l'attraction Newton devient un esprit lumineux & sage, un grand Philosophe, qui établit l'existence d'un Etre Souverain, seul Maitre de toute la Nature, & capable de la diriger par le moyen d'un seul ressort.

Lorsque Newton dit que les corps attirent la Lumiere, quand la Lumiere passe auprès d'eux, il ne prétend pas nous déveloper tous les secrets de l'infléxion, mais nous indiquer seulement une proprieté générale, d'où dépend l'explication de l'infléxion même, proprieté, dont la cause nous reste à chercher.

Newton laisse un pareil soin aux Philosophes, qui ont le tems de consacrer leurs études à des recherches pour lesquelles nous ne paroissons point organisés. En un mot, chez les Newtoniens il n'est question que d'établir les faits & les proprietés générales de la matiere, d'où l'on puisse inferer géométriquement tous les Phénoménes, comme nous l'avons pratiqué jusqu'apresent dans nos Entretiens, qui forment une espece d'Histoire de la Lumiere & des Couleurs.

Cette nouvelle proprieté, ajouta la Marquise, est d'un genre, auquel mon esprit ne sçauroit se prêter si facilement. Voilà un de ces mystéres, qu'on ne peut pénétrer sans entrer dans le cabinet. J'entends, ou du moins je me flatte d'entendre que les Rayons sont inégalement réfrangibles; j'y vois assez de clarté; mais que les corps doivent attirer la Lumiere, qu'enfin toutes choses dans la Nature soient doüées d'une attraction mutuelle, c'est une énigme qui m'embarrasse, & dont l'obscurité me révolte.

N'auriez-vous point gardé, Madame, un reste de Cartésianisme qui vous feroit encore illusion. Peut-être vous vous êtes flattée jusqu'à présent que la réfraction naissoit de quelqu'une des causes dont vous vous êtes renduë l'idée familiere en parcourant le Syſtême de Deſcartes, & ſous cet appas trompeur, vous croyez ſans doute comprendre mieux la réfrangibilité que l'infléxion de la Lumiere.

Il paroît que dans quelques occaſions Newton lui-même a voulu ſe prêter au torrent de la mode. Il a dit pour parler le langage qui regnoit alors dans la Philoſophie, que peut-être l'attraction n'étoit que l'effet de l'impulſion d'une matiere ſubtile qui ſortoit des corps; mais ce qu'il y a de vrai, c'eſt qu'ayant prouvé que les Cieux ſont vuides, & que les Corps céleſtes s'attirent mutuellement, il n'a laiſſé aucune place ni pour la matiere ſubtile des Carteſiens, ni pour leur impulſion.

On diroit que Newton a été dans le cas de certains Auteurs, qui pour flatter le goût du Peuple ſont quelquesfois obligés d'orner l'Hiſtoire, d'y mêler des épiſodes fabuleux, & d'habiller la vérité en Roman. N'eſt-il pas honteux pour les hommes que les vérités les plus simples, telles que les découvertes de Newton, ayent besoin de peinture & d'artifice pour meriter des suffrages.

Mais vous-même, Monsieur, n'usez-vous pas d'un peu d'artifice? ne cherchez-vous point à me surprendre par l'amorce de la gloire? J'apperçois du moins que vous interessez mon amour propre, lorsque vous prétendez me persuader que je ne conçois pas mieux la matiere subtile que l'attraction, ou que mon idée n'est pas plus nette sur le mouvement des corps que sur cette proprieté qu'on nommera toujours avec raison une force mysterieuse.

Votre illusion, Madame, vient de ce que vous vous êtes familiarisée avec une idée plûtôt qu'avec une autre. Vous voyez tous les jours les corps se mouvoir & s'entrecommuniquer leurs mouvemens, mais vous ne les avez point encore vûs s'attirer;

Voilà pourquoi vous vous étonnez de l'attraction, pendant que le mouvement ne vous surprend pas. Mais en revanche il surprend bien les Philosophes, qui pour l'expliquer, & pour montrer de quelle façon il se communique, sont obligés d'avoir recours à la Divinité, comme font les Poëtes, lorsque le nœud d'une piece trop intriguée les met dans l'embarras.

Un Portugais qui s'accoûtume à respecter les lunettes sur le nés des personnes les plus graves, seroit surpris de voir un Mandarin se laisser croîtres les ongles pour s'en faire une marque d'honneur. D'où viendroit sa tranquilité dans un cas, & sa surprise dans l'autre, si ce n'est que par une longue habitude il auroit joint l'idée de l'honneur avec l'idée des lunettes, & non pas avec celle des grands ongles.

Au moins, dit-elle, je serois plus excusable que le Portugais, car je crois que l'étonnement de voir joindre l'idée de l'attraction avec l'idée de la matiere est un étonnement de tout pays.

Quelque excusable & quelque universelle que soit votre surprise, Madame, il faudra qu'enfin la raison triomphe. Si jusqu'à présent vous n'aviez vû tous les corps que dans un repos parfait, auriez-vous jamais deviné de quelle maniere le mouvement peut se trouver joint avec l'extension & avec l'impénétrabilité? Vous n'auriez connu que ces deux proprietés dans la matiere; l'observation vous les auroit fait admettre; elle doit aussi vous faire admettre l'attraction.

Nous sommes encore enfans dans ce vaste Univers. Bien éloignés d'avoir de la matiere une idée complette, & de pouvoir prononcer sur les proprietés qui lui conviennent ou qui ne lui conviennent pas, nous voyons la Nature environnée de broüillards, & telle que la verroit un homme qui n'obtiendroit l'usage des sens que peu à peu. Assurement il seroit téméraire s'il soûtenoit que les corps n'ont pas une proprieté capable d'émouvoir l'œil ; & vous le trouveriez ridicule s'il vous disoit pour toute raison qu'il n'a jamais observé cette proprieté, dont vos beaux yeux vous avertissent.

Au surplus nous pouvons, je crois, le traiter plus favorablement, il ne prendroit pas la route des Cartésiens, qui se sont fabriqués un Monde & un Homme au gré de leur caprice, il deviendroit circonspect ; & loin de borner le pouvoir de la Nature, loin de prononcer au hazard il consulteroit les nouveaux sens, qui lui découvriroient chaque jour quelque nouvelle proprieté.

Les Philosophes gagnent en certaines manieres des sens nouveaux, ou pour mieux dire les leurs se rafinent tous les jours, & par cette raison ils sont en état d'observer ce que peut-être ils n'observoient pas autresfois.

Il faut donc proceder lentement lorſqu'on veut établir le nombre des proprietés de la matiere ; en vain diroit-on que l'on comprend mieux les unes que les autres, c'eſt s'aveugler ſoi-même, mais dès qu'on bannira les préjugés, on avoüera qu'elles ſont toutes égalément myſtérieuſes pour nous.

Craindrez-vous d'admettre l'attraction prouvée par tant d'endroits, & ſur-tout par les Phénoménes celeſtes qui nous l'annoncent d'une maniere ſi brillante ; enfin, refuſerez-vous d'admettre une choſe que vous demontrez avec tant d'éclat ? Si l'Amour ſoutenoit Theſe dans l'Ecole de Newton, vous lui fourniriez en faveur de l'attraction les Argumens les plus victorieux ; il n'en voudroit point d'autres, & je ſerois bien de ſon goût.

Et moi, Monſieur, je ne dirai pas de même ; j'ai beſoin de tout le Ciel pour me convaincre d'une choſe qui me paroît encore ſi étrange & ſi merveilleuse...... Il faudra donc, Madame, vous en convaincre pleinement, on vous feroit un grand tort, aussi-bien qu'au Systême de Newton, si l'on prétendoit vous le donner sans de bonnes preuves.

Au reste, c'est dommage qu'on ne puisse pas vous exposer ce Systême avec toute la force des démonstrations & des calculs qui l'accompagnent, & sans doute il y perdra considérablement...... N'importe, dit-elle, je prendrai patience, & puisque je ne sçaurois voir l'attraction dans tout le lustre où la verroit un Mathématicien, je ferai comme ces curieux, qui ne pouvant avoir un Tableau, se contentent d'en avoir l'Estampe, j'espere que vous me la rendrez le plus semblable à l'Original qu'il vous sera possible..

Aujourd'hui, Madame, il est trop tard pour une si grande expédition; nous monterons demain au Ciel pour en rapporter cette attraction en triomphe sur la Terre ; quelques faits Astronomiques, & quelques propositions de Géométrie que vous pourrez croire sur la parole de Newton, seront notre Hippogryphe ou notre Char volant.

VI. ENTRETIEN.

Exposition du principe universel de l'Attraction Newtonienne. Application de ce principe à l'Optique. Conclusion de l'Ouvrage.

IMpatiente pour l'attraction, autant qu'elle l'avoit été pour les Couleurs, la Marquise me dit le lendemain, après les premiers complimens ; il est tems de monter notre Hippogryphe, & de le faire voler.... Partons, Madame, lui répondis-je, vous verrez qu'il ne se lassera point de vous obéir, malgré les difficultés que nous rencontrerons sur la route.

Les Planetes tournent à diverses distances autour du Soleil, qui étant presque neuf cens mille fois plus grand que la Terre, forme, ou peu s'en faut, le centre commun de leurs mouvemens, pendant qu'il demeure lui-même dans le fein d'un repos majeftueux.

Auprès du Soleil, mais cependant à la diftance de trente-deux millions de milles d'Angleterre, *qui paroiffent plus légitimement confacrés au Ciel que les lieuës des autres Pays*, * on voit la petite Planete de Mercure; enfuite vient la brillante Venus à cinquante-neuf millions de milles ; puis la Terre à quatre-vingt un, puis Mars à cent vingt-trois; le démefuré Jupiter à quatre cens vingt-quatre ; enfin le tardif & vafte Saturne à fept cens foixante & dix-fept.

Toutes les Planetes confervent dans leur mouvement un ordre invariable ; & fuivant cet ordre, plus elles font voifines du Soleil, moins il leur faut de tems pour achever

* Cette préference de M. Algarotti pour la mefure Angloife, m'a obligé à fuivre fcrupuleufement fon expreffion ; j'ai prefque toujours marqué par milles, comme lui, les diftances des Planetes ; on pourra facilement rentrer dans *notre* calcul, en prenant trois milles pour une de nos lieuës.

leurs révolutions. Mercure fournit la ſienne en quatre-vingt-huit jours, Venus en deux cens vingt-quatre & quelques heures, la Terre, comme vous le ſçavez, en une année; Mars preſqu'en deux, Jupiter preſqu'en douze, & Saturne en vingt-neuf & demi ou environ.

Enfin, tel eſt le rapport entre les diſtances des Planetes, & la durée de leurs révolutions, que dès qu'on connoît une fois la diſtance de deux d'entr'elles, par exemple, de la Terre & de Jupiter, & le tems que l'une employe pour faire ſa révolution, l'on peut trouver par une regle certaine combien durera la révolution de l'autre. . . . . .

Pour mieux concevoir ce que vous me dites, Monſieur, je brûle de lire la pluralité des Mondes, qui doit me convaincre du mouvement de la Terre. . . . . Maintenant, continuai-je, que vous êtes avancée dans la Philoſophie, je crois qu'il vous conviendra de cher-

chercher la véritable démonstration de ce mouvement chez les Anglois.

On a observé dans les Etoiles plusieurs vicissitudes, plusieurs Phases qui ont été prises par quelques Physiciens pour des conséquences du mouvement de la Terre ; mais d'autres après un long examen ont trouvé ces mêmes Phases tout-à-fait contraires aux loix d'un pareil mouvement.

Comme la Lumiere employe un tems remarquable pour venir des Etoiles jusqu'à nous ; son mouvement doit varier leurs Phases d'une maniere prodigieuse, & par conséquent il faut le joindre avec celui que la Terre fait autour du Soleil, sans quoi l'on ne peut bien raisonner sur cette question.

Ces deux mouvemens combinés ensemble par la sagacité du Philosophe Anglois, nous expliquent les Phases des Etoiles ; Phases qu'on ne peut jamais expliquer avec netteté dans tout autre Systeme ; ainsi grace à Newson, nous voyons clair dans une chose qui existoit sans être démontrée rigoureusement.

Il y a cinq Planetes, nommées principales ou du premier ordre, au rang desquelles nous pouvons sûrement placer la Terre; on leur donne ce titre pour les distinguer des autres Planetes subalternes.

Celles-ci vont autour des Planetes principales, comme la Lune autour de notre Terre, & les Satellites autour de Jupiter & de Saturne; voilà pourquoi on les appelle vulgairement des Planetes du second ordre.

Elles observent dans leurs cours la même loi que les Planetes principales; ainsi les plus voisines font leurs révolutions en moins de tems que n'en demandent les plus éloignées, c'est une proportion reglée par la Nature, une harmonie éternelle dont aucune Planete n'oseroit troubler les accords.

Une autre loi inviolablement observée par toutes les Planetes, c'est qu'en décrivant leurs orbites elles parcourent des aires égales en tems égaux. J'apperçois que le langage des Physiciens vous paroît rude, il faut tâcher pourtant de vous familiariser avec lui.

Pour bien entendre cette seconde loi, imaginez-vous que l'orbite d'une Planete principale est une espece de cercle, dont le Soleil n'habite pas précisément le milieu, mais où il se trouve rapproché vers la circonférence un peu plus d'un côté que de l'autre.

Figurez-vous du point de l'orbite, où est maintenant la Planete, un fil tiré jusqu'au Soleil, & un autre fil tiré jusqu'au même Astre, en partant du point où la Planete sera dans vingt-quatre heures.

Cet espace bordé par les deux fils est le morceau d'orbite que la Planete aura parcouru dans vingt-quatre heures données, & cela s'appelle une aire; toutes les autres que la Planete fournira dans un tems égal, n'auront ni plus ni moins d'étenduë.

Concluons donc qu'en tems égaux les aires sont toujours égales, toujours proportionnées; ainsi dès qu'un tems sera la moitié, le tiers, le quart, ou le double d'un autre, comme, par exemple, de vingt-quatre heures, les aires nouvelles seront en proportion la moitié, le tiers, le quart ou le double de l'aire parcouruë dans le premier tems.

Au surplus, les Planetes subalternes sont à l'égard des principales, ce que les principales sont à l'égard du Soleil; car une Planete principale est pour ses Satellites presque dans la même position où la Nature a placé le Soleil pour les Planetes du premier rang. *

* Pour bien expliquer cette loi, dont nous devons la découverte au fameux Kepler, n'auroit-il pas fallu donner aux Dames une exacte idée de la position & du cours des Planetes, leur montrer, par exemple, que la Terre ayant un

J'aime cet ordre, dit la Marquise, je me figure le Soleil comme le Souverain d'un Royaume immense, dont les Planetes principales sont les Seigneurs & les Barons. Il y en a quelques-uns qui ont des Domaines, où ils exercent en petit la même Jurisdiction, que le Souverain exerce en grand; leur dignité n'empêche pas qu'ils ne lui rendent hommage, & qu'ils ne soient tous obligés de rouler autour de lui, comme pour lui faire leur cour.

Notre Terre a un petit fief où elle se fait obéir par la Lune, & si elle ne peut pas aller de pair avec Jupiter & Saturne qui ont plus de Satellites, Mercure, Venus & Mars qui n'en

mouvement plus acceleré dans son perihélie, que dans son aphélie, doit en 24. heures parcourir un arc beaucoup plus grand dans le premier que dans le second, mais que les deux aires n'en seront pas moins égales? Cette acceleration de mouvement, & cette inégalité des arcs, sont deux points d'une nécessité absoluë pour comprendre la regle dont il s'agit.

ont

ont point, ne sçauroient non plus aller de pair avec elle.

Votre idée, lui répliquai-je, auroit plus de grace dans le Système des Tourbillons, où ces différentes Juridictions paroissent assez bien établies. La Philosophie Cartésienne est un peu Poëtique, elle aime à s'orner de comparaisons & de similitudes, & quelquefois même à les donner pour des preuves; mais les deux loix dont je viens de vous parler, ne s'accordent point avec cette licence.

Quel chagrin d'être obligé de rejetter ces Tourbillons qui présentent à l'esprit une idée si claire & si flatteuse! « Les Planetes, nous diroit-» on, roulent autour du Soleil, par-» ce qu'un fluide où la Nature les fait » nager, tourne & les emporte avec » lui, comme le courant d'un Fleuve » entraîne des Batteaux qu'on lui aban-» donne, & par la même raison les » Satellites roulent au tour de leurs » Planetes principales.

On ne ſçauroit, je l'avouë, imaginer rien de plus ſéduiſant, mais le malheur eſt que les Planetes ne ſe contentent pas ſimplement de tourner, elles veulent encore tourner ſuivant certaines loix inviolables qui gâtent tout le Roman.

Ou ces deux loix ne peuvent s'accorder avec les tourbillons, ou bien ſi l'on trouve quelque moyen de les concilier, c'eſt de mauvaiſe grace, & par un effort qui révolte le bon ſens. C'eſt pour cela qu'un des plus illuſtres Cartéſiens a dit que malgré tout ce qu'il faiſoit pour défendre les Tourbillons, il doutoit ſi ceux qui refuſoient de les admettre, ne s'étoient point confirmés dans leur opinion à cauſe de la maniere dont il les défendoit. D'ailleurs ces mêmes Tourbillons ſont environnés de tant d'autres difficultés conſidérables, qu'il ſemble que tout le Ciel ait conſpiré leur ruine.

A Dieu ne plaiſe, Monſieur, que

nous prennions parti contre le Ciel! Maintenant le regne de l'illusion eſt paſſé pour moi, & je ne me prête point à l'idée d'une Philoſophie qui dégenere en Roman, ou tout au plus en Poëme. Qu'eſt-ce que c'eſt que cette Philoſophie poëtique dont on ne ſçauroit marquer la place dans un eſprit tant ſoit peu lumineux? Elle doit ſe contenter d'entrer dans le reſervoir des paſſions, puiſque ſans doute elle figureroit mal dans l'endroit où nous logeons l'amour de la vérité.

Le Newtonianiſme, Madame, vous a inſpiré des ſentimens bien auſteres; mais pour vous délivrer de cette Poëſie, qui ſe trouveroit encore trop reſſerrée dans le vaſte champ des paſſions humaines, je crois qu'il ne faut employer que les Cometes; elles ſont les ennemis les plus déclarés que les Tourbillons ayent dans le Ciel, & il ſemble en général qu'elles n'ont été faites que pour déconcerter les Syſtêmes.

On prétendoit autresfois que les

Cieux étoient incorruptibles, & les Philosophes croyoient bonnement que tout y demeuroit dans la fleur d'une jeunesse éternelle, qui ne se ressentoit, ni des altérations, ni des vicissitudes qu'on voit arriver sur la Terre.

Surviennent les Cometes, qui paroissent d'abord toutes nuës, mais en s'approchant du Soleil elles se munissent d'une queuë épouvantable, dont elles se dépoüillent lorsqu'elles s'éloignent de lui. Ne voila-t'il pas le beau Systême de l'incorruptibilité des choses célestes mis en grand danger par ces importunes ?

C'est peut-être pour cette raison qu'on les a renversées de leur thrône, & qu'on les a placées dans l'air, comme un vil météore formé d'exhalaisons & de vapeurs; mais elles n'ont pas voulu demeurer long-temps dans un rang si méprisable.

Outre que plusieurs anciens Philosophes les ont regardées comme un ouvrage permanent dans la Nature, les Astronômes, qui devoient aussi prendre part dans une chose élevée au dessus de nous, prétendent qu'elles sont très-éloignées de la Terre, & même qu'il y en a quelques-unes qui le sont plus que le Soleil.

Si les Cometes, reprit la Marquise, ne sont pas de mauvais augure pour les têtes couronnées, au moins le sont-elles pour les Systêmes...... Ce n'est pas là, Madame, tout le chagrin qu'elles ont donné aux Philosophes. On les a placées au rang des corps célestes; & dans un rang si sublime, elles n'ont jamais pu s'accorder avec la solidité qu'on prêtoit aux Cieux sur la parole d'Aristote.

Enfin, pour contenter ces Cometes si turbulentes, pour empêcher qu'elles ne brisassent tout l'Univers, on fut obligé de faire les Cieux fluides, & quand il furent fluides, ils se changerent en Tourbillons.

Pour lors au lieu de s'appaiser, l'animosité des Cometes rédoubla, elles s'armerent contre les Tourbillons, & résolurent de détruire une imagination agréable, qui ne flattoit l'orgueil humain qu'aux dépens de la vérité.

Certaines Cometes n'ont fait quelquesfois aucune difficulté de traverser toutes les orbites du Monde planetaire en venant presque en droiture du haut du Tourbillon jusqu'au Soleil; d'autres ont marché dans un sens contraire au cours des Planetes, sans essuyer le moindre rétardement dans le premier, ni dans le second cas.

S'il y avoit eu pourtant quelque matiere qui tournât autour du Soleil, & qui tournât avec une rapidité capable d'entraîner les Planetes, qu'on supposoit nager dans ce fluide, on conçoit que le mouvement des Cometes auroit dû s'affoiblir, & qu'enfin elles auroient cedé à la force du Tourbillon; tout de même que les Barques malheureuses & gouvernées par un Pilote imprudent, font assez souvent entraînées dans les gouffres épouvantables des fleuves Chinois.

En un mot, tout ce qu'il y a de plus contraire aux loix des Tourbillons, les Cometes l'ont fait, & le feront sans doute encore quand l'occasion s'en présentera ; ainsi je ne connois point d'autre expédient pour terminer cette guerre que de détruire les Tourbillons mêmes. Voilà l'unique moyen de les dérober aux insultes continuelles qu'ils reçoivent d'un ennemi si formidable......

Votre reméde, Monsieur, n'est pas moins violent que celui dont on use quelquesfois à la guerre, où l'on prend le parti de ravager les Provinces qu'on ne sçauroit défendre. Une différence que j'y vois, c'est que les Guerriers sacrifient le pays à leur propre foiblesse, au lieu que vous ne sacrifiez les Tourbillons qu'à la force de la vérité ; ainsi ce sacrifice ne me déplaît point, d'autant plus qu'il me met en état de mieux profiter du nouveau principe ſur lequel vous bâtiſſez le Syſtême céleſte.

Newton, continuai-je, n'entra dans cette carriere qu'avec l'eſcorte de la Géométrie, qu'il ne perdoit jamais de vûë. Il commença par démontrer que ſi un corps étant en mouvement eſt attiré par un point mobile ou immobile, il décrira autour de ce point des aires égales en tems égaux, & qu'en général les aires ſeront proportionnées aux tems.

Reciproquement il démontra que ſi un corps décrit autour d'un point mobile ou immobile des aires proportionnées aux tems, il ſera attiré vers ce point, c'eſt-à-dire qu'il aura une telle tendance vers le même point, que ſi tout autre mouvement qui le pouſſe ailleurs venoit à ceſſer, il iroit en droiture s'unir avec lui, comme font ſur la Terre tous les corps, qui étant abandonnés à eux-mêmes tombent directement ſur elle.

Ce principe, interrompit-elle, s'applique de lui-même aux Planetes principales, aussi-bien qu'aux ſécondaires; celles-ci marchent autour de la Terre, de Jupiter & de Saturne; celles-là font leur révolution autour du Soleil, & toutes décrivent des aires proportionnées aux tems. Donc les unes ſont attirées par le Soleil, & les autres par la Planete qui leur ſert de foyer. N'eſt-ce pas là une conſéquence néceſſaire?

Aſſurement, Madame, & de la derniere néceſſité; mais ſouvenez-vous que vous l'avez déduite; il faut vous punir un peu d'avoir tant fait de difficulté ſur l'attraction.

Vous me dites donc, ajoûtai-je; que dans le Soleil il y a une force qui attire les Planetes, que dans les Planetes il y en a une qui attire les Satellites, & que cette force attractive combinée avec une autre faculté qu'elles ont toutes de ſe mouvoir en droite ligne de l'Occident à l'Orient, fait qu'elles vont les unes autour du Soleil, les autres autour de leur Planete principale, suivant une certaine loi.

Cette loi constante que les Planetes suivent dans leur cours, est sans doute un merveilleux Phénoméne; les Anciens pour l'expliquer fabriquerent des Cieux solides, & créerent des intelligences qui les gouvernoient; Descartes répandit dans tout l'Univers le superbe appareil de ses Tourbillons.

Tout cela doit faire place à la vérité; le cours des Planetes se réduit au plus simple Phénoméne du Monde, mais *à Phénoméne de Prince*, & qui s'est rendu plus familier dans l'Europe que certaines gens ne le souhaiteroient; en un mot, c'est le Phénoméne d'un boulet de canon qui se remueroit de lui-même en droite ligne, si l'attraction continuelle de la Terre ne le forçoit à décrire une ligne courbe. Voyez, Madame, combien la Nature eſt ſimple & uniforme dans ſa varieté infinie.

Le Boulet retombe bien-tôt à terre, parce que la plus grande force que nous puiſſions lui donner, n'eſt que très-petite à l'égard de l'étenduë de notre Globe; mais s'il étoit poſſible à la foibleſſe humaine d'en pouſſer un juſqu'au-delà du Perou, il eſt démontré que nous ferions l'acquiſition d'un nouveau Satellite, puiſqu'à l'envie de la Lune ce Boulet tourneroit autour de la Terre; ſi ce n'eſt que ſon mouvement devant bien-tôt s'affoiblir par la continuelle réſiſtance qu'il trouveroit dans l'air, pendant que ſa force de gravité ne perdroit rien, cette nouvelle Lune viendroit fracaſſer en tombant tout ce qu'elle rencontreroit après que nous l'aurions entendu ſiffler horriblement ſur nos têtes.

Vous me dites tout cela en deux mots; voyez ſi les paroles des Dames ne ſignifient pas beaucoup; ç'en eſt beaucoup certainement ; mais ce n'est pas tout encore, il nous reste à sçavoir suivant quelle loi cette force attractive agit ; c'est-à-dire, si elle est la même dans toutes les distances du Soleil, ou bien si elle s'affoiblit à mesure que la distance devient plus grande.

Je sçaurai vous expliquer cela, reprit la Marquise, pourvû que vous veuilliez me donner autant de Lumieres que vous m'en avez déja donné pour vous dire que les Planetes sont attirées par le Soleil, & qu'il vous plaise ensuite me commenter poliment, comme vous venez de le faire.

La loi des aires proportionnées aux tems donna, lui répliquai-je, à Newton le moyen de connoître la force attractive du Soleil ; cette autre loi que les Planetes observent en parcourant leurs orbites dans un tems plus ou moins long, suivant qu'elles sont plus ou moins éloignées du même Aſtre, lui fit découvrir que l'attraction diminuë toujours à meſure que l'éloignement s'accroît.

Remarquez, Madame, que la Nature a proportionné les dégrés de cette diminution; la force attractive devient d'autant moindre, que le carré du nombre qui exprime la diſtance du Soleil, eſt plus grand.

Pour entendre ce chiffre, qui du premier abord pourroit vous épouvanter, vous devez ſçavoir que le carré d'un nombre n'eſt autre choſe que nombre multiplié par ſoi-même.

Suivant cette regle le nombre *quatre* eſt le carré *de deux*, parce que *deux* & *deux* font *quatre*; c'eſt à dire, que *quatre* provient de *deux* multiplié par *deux*.

Maintenant je vais vous donner tranquillement un Problême à réſoudre; ces jours paſſés vous expliquiez les Phénoménes de la Phyſique, il eſt juſte qu'à préſent vous cherchiez une gloire nouvelle ſous les drapeaux de la Géométrie ; d'autant plus que je ne vois pas que vous puissiez faire rien de mieux que d'user d'un peu de reconnoissance, & de dire quelquefois la vérité à celui, qui vous en a montré les sentiers secrets & solitaires.

Voici le Problême ; supposons que la distance du Soleil à la Terre est *un*, & que la distance du Soleil à Jupiter est environ *cinq*, trouvez-moi de combien sera diminuée l'attraction du Soleil à l'égard Jupiter.

Donnez-moi, je vous prie, un peu de tems, me dit-elle, avec une certaine impatience, car ce n'est pas une bagatelle que de résoudre un Problême.

Vous me disiez tout-à-l'heure que la force attractive est d'autant moindre que le carré du nombre, qui exprime la distance, est plus grand ; le carré d'un qui est la distance du Soleil à la Terre, est *un*... & à la distance *d'un*, interrompis-je, on suppose que la force soit *un* ; sur quoi l'on cherche de combien cette même force décroîtra dans l'éloignement de *cinq*, qui eſt la diſtance du Soleil à Jupiter....

Hé bien, Monſieur, le carré de *cinq* eſt *vingt-cinq*. Si la force attractive du Soleil doit être d'autant moindre que ce carré eſt plus grand, il faudra qu'à l'égard de Jupiter elle ſoit *vingt-cinq fois* plus ſoible qu'à l'égard de notre Globe. N'eſt-ce pas la ſolution du votre Problême, & ne pourrois-je point m'en aller criant, comme je l'ai entendu dire d'un ancien Géométre, *je l'ai trouvé, je l'ai trouvé*?

* Vous le pourriez ſans doute; mais je ne vous connois pas aſſez de zéle pour l'imiter dans ſa précipitation. Sçavez-vous, Madame, qu'il ſortoit du bain, & qu'on ne fut jamais ha-

* On dit qu'Archimede fut ſi charmé d'avoir découvert la friponnerie qu'un Orfévre avoit faite ſur la Couronne du Roy de Sicile en y mêlant de l'alliage avec l'Or, qu'il s'élança tout nud hors du bain, & ſe mit à courir dans les ruës en criant, *je l'ai trouvé!* Si cela eſt vrai, nous pouvons croire que les Géometres ſont ſujets à l'enthouſiaſme & au vertige, auſſi-bien que les enfans d'Apollon.

billé plus ſuccinctement qu'il l'étoit dans cette conjoncture ? Au reſte, les Mathématiciens devroient ſolenniſer ce jour-ci par quelque Fête brillante, votre nom égayera leur Catalogue mélancolique, c'eſt une grande gloire pour eux !

La loi qu'obſerve la force attractive du Soleil à différentes diſtances, eſt préciſément la même loi, qu'obſervent toutes qualités qui émanent des corps, telles que l'odeur, le ſon, la chaleur & la Lumiere ; ainſi en croyant n'avoir donné que la ſolution d'un Problême, vous en avez effectivement réſolu deux.

Eſt-ce que la Lumiere du Soleil pourſuivit la Marquiſe, ſeroit vingt-cinq fois moindre dans Jupiter que chez nous, auſſi-bien que l'attraction? .... Préciſément, Madame, c'eſt le même nombre qui ſert pour l'une & pour l'autre.

Vous trouverez pareillement que l'attraction, la Lumiere, & la chaleur

leur du Soleil doivent être quatre-vingt-dix fois moindres dans Saturne qu'ici; les plus foibles crepuſcules de nos Lapons formeroient pour cette Planete les plus beaux jours d'Eté, & dans ſa plus ardente Canicule, nos Mers endurcies par la glace, gémiroient ſous le poids des Chars & des Traîneaux; pendant que dans Mercure, au milieu même de l'Hyver, les flots abſorbés par l'extrême voiſinage du Soleil, laiſſeroient bientôt à ſec leurs gouffres profonds. Terrible ſpectacle pour les Pilotes, ſcene agréable pour les Naturaliſtes & pour les Curieux, qui ne manqueroient pas d'y trouver de quoi enrichir leurs Cabinets......

Mon Dieu, s'écria-t'elle en ſoûriant, que de belles choſes je viens de trouver moi-même ſans y ſonger! En vérité l'on a bien raiſon de dire qu'on fait quelquesfois les plus grandes découvertes ſans ſçavoir comment, & qu'enfin l'on eſt ſurpris de les voir toutes faites.

Tel eſt, continuai-je, le bonheur des Alexandres & des Céſars dans les actions purement humaines ; la fortune travaille pour leur gloire, ſouvent le ſuccès paſſe leur eſpérance, ſouvent ils n'ont qu'un ſeul but, & ils en touchent d'autres où ils ne viſoient point.

Vraiſemblablement l'Inventeur de la Poudre n'aſpira jamais dans ſes études paiſibles à trouver un ſecret ſi funeſte au genre humain, & l'heureux Navigateur qui découvrit l'Amérique, ne cherchoit qu'une route abregée pour pénetrer juſques dans la plus riche partie de l'ancien Monde.*

* Tout le monde ſçait que Chriſtophe Colomb en découvrant l'Amérique vers l'année 1491, ne trouva que ce qu'il cherchoit, & il ne cherchoit point une route abregée pour aller aux grandes Indes, mais ſeulement des Pays ſitués dans les Mers Occidentales. C'eſt Americ Veſpuce, qui en 1503, chercha dans les mêmes Mers par l'ordre du Roy Emanuel de Portugal, un paſſage aux Molucques & aux Philippines. Enfin ce paſ-

Quoique dans la bonne Physique & dans la Géométrie les Alexandres & les Césars ne soient pas communs, il est rare de n'y trouver que ce qu'on cherche ; une vérité découverte y devient la mere de plusieurs autres vérités, elles s'offrent aux yeux, elles se manifestent sans qu'on y pense.

Lorsqu'on cherche soigneusement la Loi secrette qui fait varier la force attractive dans des distances inégales, on trouve en même-tems la Loi universelle, qu'observent dans leur action toutes les qualités qui émanent des corps.

La Physique vient au secours, elle illustre cette vérité générale, elle lui prête des Expériences particulieres pour nous la montrer dans tout son jour, & fait en quelque sorte comme si elle traduisoit en langue vulgaire les obscurs hyerogliphes d'une langue sçavante.

sage fut découvert par Magellan en 1519. ou 1520. Christophe Colomb n'y eut aucune part, il étoit mort dès l'année 1506.

Quant à la Lumiere cette diminution de force eſt démontrée par une expérience très-facile, vous la verrez dès ce ſoir même, ſi vous n'êtes pas fatiguée d'entendre parler Expériences & Philoſophie.

On met une bougie toute ſeule au milieu d'une chambre, on s'en éloigne juſqu'au point de ne pouvoir plus diſtinguer au-delà les caracteres d'un livre ou d'une lettre, ſi ce n'eſt par hazard une lettre amoureuſe ; car on a des yeux de Lynx pour les billets doux; on les lit à quelque diſtance que ce ſoit; il ſuffit de la plus foible lueur.

Enſuite on s'éloigne juſqu'au double ; alors l'éclat de la Lumiere, ſuivant la Loy établie, deviendra quatre fois moindre que dans la premiere diſtance; par conſéquent ſi la Lumiere n'eſt pas *quadruplée*, on ne pourra plus lire la lettre auſſi diſtinctement qu'on la liſoit d'abord.

Voilà l'effet de cette Loy naturelle, qui veut que la Lumiere s'affoibliſſe d'autant plus que le carré de diſtance s'accroit, & l'expérience en montre la vérité, puiſque dans la ſeconde poſition l'on ne ſçauroit déchiffrer la lettre ſans ajouter trois autres bougies de la même groſſeur, c'eſt-à-dire, ſans quadrupler la Lumiere.

En vérité, Monſieur, quand je me rappelle combien les hommes perdent facilement l'idée des objets qui leur ont été les plus chers, j'ai quelque tentation de croire que dans l'amour on ſuit cette Loy des carrés à l'égard des lieux, ou plûtôt à l'égard des tems; ainſi après huit jours d'abſence la tendreſſe devient ſoixante-quatre fois moindre qu'elle ne l'étoit le premier jour, & la proportion veut qu'on s'en ſoit preſqu'entierement dépoüillé. Pour moi je n'imagine pas qu'on trouve *chez vous autres* beaucoup d'expériences du contraire, ſurtout dans le ſiecle où nous ſommes.

Cela pourroit bien être, Madame; mais je croirois que votre Théoreme convient également aux deux Sexes; encore y a-t'il des cœurs qui suivent plûtôt la proportion des cubes du tems, proportion bien plus commode, puisqu'elle ne demande que quatre jours pour autoriser un oubli complet.

Au reste, je pense qu'en général la proportion des carrés peut s'établir sans aucun scrupule, car ordinairement huit jours suffisent pour éteindre les passions les plus violentes; il n'y a que vous seule qui soyez en état de renverser ce Théoreme, & de faire que l'idée de vos charmes, & l'envie de les voir, au lieu de diminuer, s'accroissent suivant les carrés, ou plûtôt suivant les cubes des têms.

Non, non, Monsieur, la Galanterie ne doit point gâter un Théoreme, je veux entrer dans la regle générale; trop heureuse, si j'établis quelque chose de fixe & de constant touchant une passion aussi vague & aussi peu constante que l'amour......

Madame, si l'on permettoit à la Géométrie de prendre terre dans l'Empire d'Amour, vous y verriez en peu de tems bien des merveilles, on sçauroit d'abord à quoi s'en tenir ; & les conclusions seroient, je vous assure, les plus promptes & les plus agréables qu'on pourroit souhaiter....

Parlons sérieusement, reprit-elle, notre conclusion en Physique est que l'attraction du Soleil diminuë, suivant les accroissemens des carrés de distance. Je me figure que l'attraction des Planetes principales envers leurs Satellites doit observer la même Loy.

Ce rapport, lui repliquai-je, entre les distances & les tems de révolutions ; ce rapport, dis-je, qu'observent les Planetes du premier rang autour du Soleil, les Satellites l'observent de même autour des Planetes principales, comme je vous l'ai déja marqué ; on le voit distinctement dans Jupiter & dans Saturne, qui ayant plusieurs Satellites exercent sur eux différens dégrés d'attraction, ainsi que le Soleil sur tous les autres corps de l'Univers.

Cela n'est pas d'abord aussi manifeste dans la Terre, qui n'a qu'un Satellite en partage, mais si la Loy des carrés subsiste dans les autres Planetes, pourquoi ne regnera-t'elle pas sur notre Globe?

D'ailleurs, le manque d'un second Satellite qui rouleroit autour de nous dans une autre distance que la Lune, est suppléé par les corps qu'on voit tomber chaque jour sur la Terre, puisqu'il faut croire que la force qui feroit tomber la Lune, si elle perdoit son mouvement d'Occident en Orient, n'est que la force même qui précipite vers notre séjour tous les corps destitués d'appui ; car si l'on a démontré qu'il y a dans la Terre une force attractive, il est clair que nous devons

devons chercher dans cette force la cause de ce qu'on appelle gravité ou pesanteur, autre Phénomène qui n'a pas été mieux expliqué dans le Systême des Tourbillons que le mouvement des Planetes.

Si nous pouvions élever les corps au-dessus de la Terre dans une distance considérable par rapport à celle où nous sommes de son centre, qui est loin de nous de plusieurs milliers de lieuës, nous verrions dans ces mêmes corps la force de la gravité prodigieusement diminuée ; un Vaisseau de plus de cent pieces de canons, pour lequel on auroit épuisé un mine de métail, & dépoüillé une forêt entiere ; un de ces Châteaux flottans qui semblent formés pour dominer sur les Ondes, seroit renversé dans cette distance par le souffle du plus foible Zéphyre ; les Amphithéâtres, les fameuses pierres de Salisbury, sujets de tant de fables, aussi-bien pour les Doctes que pour le Vulgaire ;

toutes ces masses Colossales, qui sont unies par la force de la gravité, ne deviendroient alors pour nous que des Châteaux de cartes; les Bombes, ces foudres des mortels ne nous paroîtroient pas plus terribles que des flocons de neige.

Mais ces sortes d'épreuves sont impraticables, car l'une des plus grandes hauteurs où nous puissions nous élever, c'est le Pic de Tenerife, qui n'a qu'environ une lieuë perpendiculaire. Outre cela, quand nous monterions plus haut; nous y trouverions un air trop rarifié pour la respiration, & un froid demesuré qui rendroient toute expérience fatale aux curieux.

Payons les frais de notre foiblesse, insista la Marquise, & payons-les sans murmurer; la Nature ne nous permet pas d'être entierement Newtoniens dans cette partie, elle veut que nous nous contentions de la probabilité. Au surplus, si la force attractive suit une Loy invariable dans le Soleil, dans Jupiter & dans Saturne, quelle raison pourroit l'empêcher d'observer cette même Loy dans la Terre?

Pour cette fois, lui dis-je, nous n'avons pas de quoi nous plaindre, les plus hautes Montagnes & un air plus propice ne nous sont point absolument nécessaires; nous en sommes dédommagés, aussi-bien que du manque d'une autre Lune, comme je vous le témoignois tout-à-l'heure, par les corps qui tombent sur la superficie de la Terre; nous pouvons comparer ces corps avec la Lune même, c'en est autant qu'il nous en faut pour avoir, au lieu de la probabilité, une évidence complette, & pour être encore bons Newtoniens dans cette partie.

On connoît par Observation, que si la Lune perdoit son mouvement, elle tomberoit sur la Terre, & qu'au premier point de sa chute, elle obéiroit à une force trois mille six cens fois moindre que celle qui fait tomber vers nous les corps les plus voisins.

Voyez combien cela s'accorde avec notre principe ; la force d'attraction réside principalement dans le centre de la Terre, d'où la Lune est éloignée soixante fois autant que les corps voisins ; le carré de soixante est justement trois mille six cent ; donc la force attractive de la Terre à la Lune est d'autant diminuée, toujours suivant la Loy qui régne dans le Soleil, dans Jupiter, & dans Saturne.

Quel grand Phénoméne, Monsieur, si la Lune venoit à tomber ! les Newtoniens n'auroient des yeux que pour elle, ce beau spectacle les mettroit sans doute fort à leur aise ; ils auroient la gloire de calculer jusqu'au dernier soupir. . . .

Vous en riez, Madame, mais ce malheur pourroit arriver plus facilement qu'on ne le croit, si tout étoit plein, comme les Cartésiens le veulent ; & ces Anciens Gaulois qui apprehendoient que le Ciel ne leur tombât un jour sur la tête, auroient quelque raison de le craindre dans le Système de Descartes.*

Il est démontré que si la Lune circuloit dans un lieu plein de matiere sans aucun espace vuide, cette matiere, quelque fluidité, quelque finesse qu'on lui donne, la retarderoit dans son cours d'Occident en Orient; ainsi le mouvement de la Planete s'affoibliroit bien-tôt, & par degrés il viendroit jusqu'au point de cesser tout-à-fait.

Dans cet état, la Lune asservie au pouvoir de la gravitation tomberoit précipitament sur la Terre, nous ne la verrions plus sous l'Aspect d'une

* Strabon rapporte qu'Alexandre le Grand ayant demandé à quelques Gaulois, ce qu'ils craignoient le plus dans le monde; ils lui répondirent que tout ce qu'ils apprehendoient, c'étoit que le Ciel ne leur tombât sur la tête. Un discours si fier n'annonce pas qu'ils eussent effectivement peur de la chute du Ciel, mais seulement qu'ils bravoient l'ambition du Conquérant Macedonien. Aucune Histoire ne leur prête l'idée que M. Algarotti leur attribuë.

Déesse ; dont les appas flatteroient nos yeux, mais sous l'Aspect d'une misérable Etrangere déchue de son Trône, & qui ne feroit plus l'ornement du Ciel dans le silence de la nuit.

Toutes les autres Planetes auroient le même sort, si elles marchoient dans des espaces pleins ; on les verroit tomber les unes plûtôt, les autres plus tard dans le Soleil, pour augmenter la matiere de cet immense Volcan.

Alors le Soleil ne verroit qu'un vaste desert dans son Royaume, il dispenseroit en vain les richesses du jour & de l'année ; ses regards autresfois si féconds n'animeroient plus rien dans la Nature, puisque les Cometes, & nous mêmes avec notre Lune, nous irions nous perdre dans cet Astre ; le genre de punition seroit nouveau, mais assez conforme au Systême d'un Anglois, qui a fait du Soleil *la maison des pleurs & le séjour du desespoir.*

Au reste, je vous assure que je courrois des premiers pour voir tomber la Lune sur la Terre* ; en effet, quel plaisir ne seroit-ce pas de voir, à mesure qu'elle s'approcheroit de nous, cette Face, cette Bouche & ce Nez, que notre imagination lui prête, se changer peu à peu en grandes Montagnes, en Vallées, en Plaines, & en autres choses qui surprendroient le Vulgaire ; que dis-je ? le Vulgaire ! les Philosophes mêmes ne pourroient contempler sans étonnement un spectacle pareil, car l'imagination & le préjugé, deux grands ennemis de la

* Est-ce pour rire, est-ce pour affecter la tranquillité du Sage d'Horace ?

Le Sage grand comme les Dieux
Est maître de ses destinées,
Et de la fortune & des Cieux
Tient les puissances enchaînées.
Rien ne peut l'effrayer, il brave le trépas ;
En vain sur lui la foudre gronde,
Quand il verroit périr le monde,
Le monde périssant ne l'étonneroit pas.

raison, laissent toûjours malgré l'étude, quelque levain de foiblesse dans l'esprit.

Lorsque la Lune seroit près de nous, me demanda la Marquise en riant, n'y verrions-nous pas les soupirs des Amans, les Vers dédiés aux Princes, les espérances des Gens de Cour, les phioles pleines du jugement de nos Sages, & *s'il est permis de le dire*, toutes les autres choses que l'Arioste y met ?

Vous n'avez pas lû la Pluralité des Mondes, Madame; ainsi vous n'êtes guéres en état de voir dans la Lune ce qu'il y a de plus curieux, puisque vous ne connoissez point encore la force *d'un pourquoi non*, qui peuple toutes les Planetes de l'Univers.

Mais une chose que j'aurois grand plaisir d'observer, & qui n'est pas une imagination, ce seroit d'examiner quel traitement la Terre feroit à la Lune en allant au-devant d'elle, comme pour la recevoir.

Quoi, Monſieur, il y a un Cérémonial établi dans le Ciel entre les Planetes ? lorſqu'une Planete ſecondaire tombe ſur une principale, celle-ci doit donc aller au-devant de l'autre pour la recevoir, & pour lui abreger le chemin !

Ce Cérémonial, Madame, eſt fondé ſur la réciprocité de l'attraction. Si la Terre attire la Lune, pourquoi ne voulez-vous pas que la Lune attire la Terre ?

L'attraction réſide dans la matiere dont les corps ſont compoſés; cette matiere eſt par tout la même, il n'y a de difference que dans les modifications employées par la Nature pour varier ſes ouvrages.

Puiſqu'en vertu de ſa matiere notre Globe exerce un droit d'attraction ſur la Lune, vous ſentez-bien que la Lune doit avoir le même droit ſur notre Globe, d'autant mieux que ſelon les Phyſiciens, *la réaction eſt toujours égale à l'action*; Plût au Ciel que cette vérité ne fut pas renfermée dans les bornes de la Philosophie !

Vous ne sçauriez presser cette table avec votre doigt, qu'il n'en soit également pressé lui-même ; faites flotter sur l'eau deux petites Gondoles de Liege, l'une chargée d'une pierre d'Aiman, & l'autre d'un morceau de Fer, vous les verrez s'approcher, se joindre avec une égale rapidité ; arrêtez l'une des deux, celle qui restera libre, s'élancera vers sa Compagne ; seroient-elles tour à tour un pareil manége, si le Fer n'attiroit pas autant l'Aiman, que l'Aiman attire le Fer ; en un mot, si leur attraction n'étoit point mutelle ?

J'apperçois, dit la Marquise, où cela doit aboutir ; le Soleil attire les Planetes, tant principales que secondaires ; toutes ensemble attirent le Soleil ; & toutes ensemble s'attirent les unes les autres. Voilà une furieuse multiplicité d'attractions ! ce Chaos n'embarasse-t'il point le Systême ?

Pour moi, je vous avouë que j'en suis un peu étonnée.

Il en arrive de ceci, Madame, dans le Systême de Newton, comme dans la nouvelle Géométrie, dont je vous parlois l'autre jour; tous les ordres innombrables d'infiniment petits, au lieu de l'embarrasser, ne font que la subtiliser, & la conduire à une plus grande perfection.

De même cette multiplicité d'attractions retient les Planetes dans leurs orbites; assure par des nœuds durables la liaison des corps; regle leur harmonie; tempere leurs mouvemens, & sert de base à l'ordre merveilleux qui fait la beauté de l'Univers. Sans l'attraction l'Univers ne seroit qu'un vaste Chaos; elle manifeste à chaque instant la certitude & l'utilité de sa loi.

Quand je pense à cette attraction réciproque, ajoûta la Marquise, il me vient une idée que je n'oserois cependant proposer sous le titre d'objection contre un Systême, dont nos plus grands Philosophes doivent respecter la structure.

Quoiqu'il en soit, il me paroît que si l'attraction étoit véritablement mutuelle, nous en devrions voir, pas peut être à chaque instant, mais du moins quelquesfois, les effets particuliers dans les corps qui nous environnent; tout de même que nous voyons dans leur gravité l'effet de l'attraction générale, que la Terre exerce sur eux.

Un petit corps leger voltigeant auprès d'un grand corps, tel qu'un Palais, une Montagne, ou quelque autre chose semblable, dont l'attraction est vigoureuse, pourquoi n'obéit-il pas d'abord à cette force attractive? Quelle raison l'empêche souvent de se jetter sur le Palais, ou sur la Montagne, comme il paroît qu'il devroit le faire?

Lorsqu'une passion violente nous occupe, répliquai-je, pourquoi ne sentons-nous plus les passions foibles

& legeres, si ce n'est parce que la plus forte attire toute notre ame, & s'en rend la maîtresse? les yeux & le cœur fixés sur un seul objet, semblent fermés pour le reste de la Nature.

Possedée d'un amour furieux, la Phedre de Racine ne sent plus l'ambition de paroître belle. Son cœur se refuse aux soins que les Dames prenent de leurs appas avec tant de plaisir. Elle laisse toute sa parure dans un désordre, où ne l'auroit pas mise l'éloignement, ni même la mort de Thesée.*

Je vous entends, Monsieur, quoique vous vous expliquiez par paraboles. L'attraction prodigieuse que la Terre exerce sur les corps voisins, les rends incapables de sentir l'attraction des autres corps, dont ils sont environnés.

* La Phedre de Racine ne laisse point sa parure en désordre, au contraire, elle est soigneusement parée, puisqu'elle dit:

Que ces vains ornemens, que ces voiles me pesent!
Quelle importune main en formant tous ces nœuds
A pris soin sur mon front d'assembler mes cheveux?

Les corps, ajoûtai-je, n'attirent *qu'en proportion de la quantité de matiere qu'ils contiennent.* Je me sers franchement avec vous des termes de Mathématiques; si je vous les épargnois, je croirois faire injure à une personne qui a déja résolu des Problêmes.

Suivant cette regle, une balle d'or doit avoir plus d'attraction qu'une boule de bois de la même grosseur, parce que la balle d'or est plus pesante; & si elle pese cent fois plus, ce qui vaut autant que de dire, si elle contient cent fois plus de matiere, elle aura aussi cent fois plus de force attractive.

Par-là vous pouvez juger combien doit être vigoureuse l'attraction, qui du grand Globe que nous foulons aux pieds, se répand aux environs en tous sens: c'est sa force incroyable qui nous empêche de voir les effets de l'attraction particuliere qu'exercent entr'eux les petits corps dont nous sommes entourés.

Un Globe de même densité que la Terre, & d'un pied de diamétre, attire un petit corps voisin de sa superficie, vingt millions de fois moins que ne fait la Terre; l'attraction des plus hautes Montagnes, telles que le Pic de Tenerife, le Mont Ararath ou l'Apennin.

L'Apennin, ce Mont sourcilleux,
Qui coupant par moitié les Champs de l'Ausonie,
Montre en cent lieux divers sa grandeur infinie,
Et cache dans le Ciel son sommet orgueilleux.

L'attraction, dis-je, de ces Montagnes, dont on nous fait une description si pompeuse, n'est pourtant presque rien en comparaison de l'attraction de la Terre.

Il n'en est pas de même de l'attraction qu'exerce la Lune sur cette vaste quantité d'eau, qui fut regardée autrefois par quelques Physiciens, comme le principe de toutes choses, & qui joignant par le secours de la Navigation les climats les plus éloignés, nous apporte d'un autre Monde les baûmes, les aromates, & de quoi assaisonner les agréables festins de l'Europe.

On voit, Monsieur, que vous sentez vivement toutes les obligations dont nous sommes redevables à la Mer, & que vous êtes touché des commodités qu'elle nous procure; mais votre Philosophe parmi tant d'attractions n'a-t'il point oublié celle de la Lune?... Pas plus, Madame, que je n'ai oublié les grands bienfaits dont l'Ocean nous comble chaque jour, quoique d'ailleurs on prétende que nous tenons de lui certains fruits amers qui n'ont jamais incommodé la Venus de Catulle & de Petrone.

L'Ocean nous fait voir manifestement les effets de cette attraction, qui domine sur toute la Nature; le flux & reflux, ce Phénoméne qui dans les beaux jours de la Grece fut pris par Alexandre pour une marque de la colere du Ciel, & qui étoit peu connu des Romains dans l'heureux siécle d'Auguste, n'est qu'une conséquence de l'attraction que la Lune exerce sur la partie fluide de notre Globe.

Chapelle

Chapelle dans son fameux Voyage, vrai trésor d'agrément & d'urbanité, crut qu'il ne falloit pas moins qu'un Dieu aquatique, c'est-à-dire, *un Dieu du métier*, pour pénétrer la raison du flux & du reflux.

Ce Dieu lui dit que quand Neptune fut fait Souverain Seigneur de la Mer, tous les Feuves allerent le féliciter; la Garonne garda dans cette occasion un peu de l'humeur altiere de son Pays, & ses complimens ne furent pas aussi respectueux qu'ils devoient l'être pour une Divinité qui d'un seul de ses regards, souleve les Tempêtes & les Aquilons, & qui avec un *je vous . . . . .* leur impose silence. Le prix qu'elle reçut de son audace, fut d'être repoussée deux fois par jour vers sa source; la même chose arrive à tous les Fleuves qui vont se jetter dans l'Ocean.

Pourquoi, dit la Marquise, les autres Fleuves innocens & qui ne se comporterent pas en Gascons, doivent-ils être punis d'une faute dont la Garonne seule est coupable ? S'il étoit permis de faire des objections aux Dieux, je proposerois très-humblement celle-ci au Dieu de la Chapelle. *

Vous pourriez, Madame, en faire d'également fortes aux hommes contre tous les Systêmes qu'ils ont inventés pour expliquer cette merveille; quelques-uns ont fait de la Terre un grand animal dont la respiration causoit le flux & reflux; d'autres ont pensé que l'Ocean du Nord cachoit un vaste Gouffre appellé *le nombril de la Mer*; suivant leur opinion, ce Gouffre jettoit une immense quantité d'eau & la rengloutissoit quelque-tems après; c'étoit de quoi faire peur aux Baleines, & beaucoup plus encore de quoi submerger la Philosophie sans espoir de retour.

* Je ne crois pas que l'objection fût juste contre le Dieu de Chapelle; car dans son Systême tous les Fleuves qui souffrent le flux & reflux, partagerent le crime de la Garonne, & mériterent le même châtiment.

Les anciens Chinois qui donnoient le fastueux nom d'Univers à leurs quatre lieuës de Pays, disoient que deux grands Peuples descendans d'une certaine Princesse, l'un habitant des Montagnes ; & l'autre des bords Maritimes, s'entrefaisoient une guerre perpetuelle ; & cette guerre produisoit le flux & reflux, suivant que les combattans étoient poussés dans la mêlée, tantôt vers les Monts, tantôt vers la Mer.

Telle fut l'enfance de la Philosophie chez tous les Peuples, même les plus policés ; l'explication de Descartes qui vint dans un tems, où le Monde étoit déja vieux, paroît aussi ingénieuse qu'il le faut pour être belle, mais non pas comme elle doit être pour sympathiser avec la vérité.

Ce même Anglois qui obscurcissoit la vision en l'enveloppant de forces contractives & expansives, tâcha d'en embrouiller aussi le Phénoméne dont nous parlons ; cette idée ténébreuse étoit une contagion universelle, dont il vouloit fouiller toute la Physique.

Selon cet homme on ne sçauroit expliquer plus simplement ni plus clairement la cause des marées que *par l'opposition des forses contractives* de la Lune & de la Terre, moyennant quoi l'une rehausse les vagues, pendant que l'autre les rabaisse; pour comble d'obscurité il appelloit au secours de son Chaos les forces expansives du Soleil, & les faisoit dans cette occasion travailler de concert avec la Lune. Ces termes qui ne blessent pas moins la mode que le bon sens, ne peuvent signifier autre chose dans la bouche de l'Auteur, qu'un frivole & violent désir de donner son nom à des erreurs nouvelles.

Pareils Docteurs, s'écria la Marquise, sont véritablement les Prêtres de la Divinité de Chapelle, leurs explications montrent en même-tems l'impuissance & la témérité de leur

Philoſophie.... La nôtre, Madame, ſe plaît dans les difficultés ; elle en ſort triomphante & toute couronnée de roſes, qu'elle fait naître au milieu des épines.

L'eau qui ſe trouve directement ſous la Lune, & qui en eſt par conſéquent la plus voiſine doit en être attirée avec plus de vigueur que le reſte des ondes ; parce que le reſte en eſt plus éloigné, puiſque la Planete ne le voit qu'en ligne oblique.

Au moyen de cette attraction les flots de l'Ocean doivent s'accumuler de toutes parts, & former une montagne liquide, dont le ſommet ſera ſous la Lune même.

La Terre en même-tems eſt auſſi un peu attirée par la Lune ; mais la portion d'eau, qui baigne l'Hemiſphere Antipode, ne l'eſt preſque point à cauſe de ſon grand éloignement.

Cette portion ſera donc comme abandonnée par la Terre, qui ſuit un peu l'attraction de la Lune, & par conséquent il y aura une seconde montagne d'eau ; ainsi en voilà deux, l'une totalement opposée à l'autre.

L'Ocean doit pour lors se gonfler, s'allonger dans l'Hemisphere éclairé par la Lune, & dans celui qu'elle n'éclaire pas ; imaginez-vous que de la figure d'une pomme il prend celle d'un limon, dont les extrêmités suivront toujours la Lune dans son cours journalier ; tellement que la Mer sera tantôt écrasée, tantôt soulevée dans le même lieu.

Ainsi dans les diverses parties de l'Ocean il y aura deux marées pendant le tems que la Lune employe pour retourner au même point du Ciel. Lorsqu'elle est pour nous au point du milieu, C'est-à-dire, au Méridien, il doit y avoir un soulevement d'eau; & lorsqu'elle s'en éloigne, il doit y avoir une *dépression* ; autre soulevement quand elle est au Méridien des Antipodes ; autre dépression quand elle s'en écarte.

Cela ne devroit jamais manquer si toute la Terre étoit couverte de profondes eaux, & si elles obéissoient promptement à la force de la Lune; mais parce qu'il faut un certain tems pour accumuler les vagues, & que leurs cours est interrompu par les Côtes de la Terre, par les détroits, par les Isles & par d'autres causes semblables, il y a quelques irrégularités dans les marées.

Ces irrégularités ne sont pourtant pas si sensibles que toutes les vingt-quatre heures, qui font à peu-près le tems que la Lune employe pour retourner au Méridien, on ne voye sur les flots argentés de la Tamise remonter deux fois jusques dans la grande Ville de Londres avec le flux, les Vaisseaux chargés des richesses de l'Univers, & descendre deux fois avec le reflux pour aller chercher de nouveaux trésors. Tous les Fleuves qui se jettent dans l'Ocean ont, comme je vous l'ai dit, cet avantage, qui dans le Syftême du Dieu de Chapelle étoit une punition.

Monfieur, nos Fleuves de la Méditerranée n'auroient-ils point déplû à la Lune, qui ne leur accorde pas cet avantage? Auroient-ils fait par hazard pour l'irriter ce que la Garonne fit pour offenser le Dieu de la Mer?

Madame, le Détroit qui joint l'Ocean avec la Méditerranée, forme un Canal trop petit, & fitué d'une maniere trop défavantageufe; car il regarde les climats où le Soleil fe couche, pendant que les grandes marées fuivent la Lune d'Orient en Occident.*

D'ailleurs, par rapport au peu d'étenduë de la Méditerranée même, les foibles marées que la Lune y fait naître, fouffrent trop d'interruptions. Tant d'Ifles, tant de Côtes & de Détroits empêchent que le flux & reflux n'y foit confidérable.

Au contraire, il paroît plus fenfible dans la Mer Adriatique, parce qu'elle qu'elle est renfermée dans des bornes plus étroites; tout de même que le mouvement d'un Fleuve paroît plus grand & plus rapide, lorsqu'il est resserré entre les arches d'un Pont. Dans notre belle Ville *fondée par les Dieux sur la Mer*, l'inconstance des marées emporte les Gondoles tantôt d'un côté, tantôt d'un autre, pendant que le Gondolier chantant au clair de la Lune, enseigne aux Néreïdes à repeter *la fuite d'Herminie*, ou les Amours de Renaud. *

Cette vicissitude éclate encore moins dans la Mer Baltique, qui est la Mediterannée du Nord. Les eaux trop rapprochées du Pôle, & trop reculées de la voye que la Lune suit dans son cours, y paroissent plus propres aux glaces & aux écueils, qu'à la chaleur & à l'attraction.

* On chante vulgairement les vers du Tasse dans plusieurs Villes d'Italie, & sur-tout à Venise, où l'on trouve des Gondoliers qui sçavent *la Jerusalem* par cœur.

Sur les rivages des Terres Australes ; sur ceux qui reçoivent les premieres caresses de l'Aurore ; au Japon & dans la Chine, les Marées sont très-considérables à cause de l'immense étenduë de cette Mer ; & dans notre Océan les effets du flux & du reflux sont plus prodigieux qu'on ne peut l'imaginer.

Aux environs de Dunkerque il y a des côtes d'où l'on voit la Marée se retirer de plusieurs milles, & bien-tôt après inonder la même espace ; elle y couvre & découvre alternativement un fonds suspect aux Matelots, non sans troubler quelquesfois la promenade des Dames du Pays, qui osent prendre le frais sur le rivage de cette Mer, dont les bords mêmes sont trompeurs & dangereux. Ces sortes de rivages sont des especes de Naumachies naturelles, où deux armées pourroient se battre à pied sec pendant certaines heures du jour, & dans d'autres tems deux flottes, au moins telles que l'étoient les flottes des Anciens.

Dans certains Fleuves la Marée monte jusqu'à plus de cinquante pieds de hauteur, sur-tout quand la situation du Soleil & celle de la Lune s'accordent pour rendre le flux considérable.

Quoique la souveraineté de la Lune sur l'Océan soit bien établie, le Soleil a pourtant sa part dans cet immense domaine. On doit avoüer qu'il est infiniment plus éloigné de la Terre que la Lune, mais en récompense il est d'une grandeur démesurée, qui ne lui permet pas de rester oisif dans l'affaire du flux & reflux. Les autres Corps célestes n'y prennent aucune part sensible, ils sont trop petits, eu égard à la distance prodigieuse qui les sépare de nous.

Quand la Lune est moyenne, les Marées sont les plus foibles du mois, parce qu'alors les deux forces attractives du Soleil & de la Lune se croiſçeur, & ſont le plus contraire, qu'il eſt poſſible, au gonflement de la Mer dans un même lieu.

Mais quand la Lune eſt nouvelle ou pleine, elle ſe trouve en droiture dans la même ſituation que le Soleil par rapport à la Terre. * Leurs forces conſpirent enſemble, & pour lors les Marées ſont les plus grandes du mois.

Une choſe qu'il faut pourtant obſerver, c'eſt que l'impreſſion communiquée aux vagues, & retenuë pendant quelque-tems dans leur ſein, ne doit qu'un ou deux jours après la nouvelle ou pleine Lune produire le plus grand gonflement de la Mer. Telle eſt pendant l'Eté l'augmentation des

* Je ne ſçais ſi la Marquiſe comprend bien tout cela. N'auroit-il pas été à propos de lui expliquer clairement ce que c'eſt que la conjonction, l'oppoſition & les quadratures de la Lune, toutes choſes qui contribuent à l'inégalité des Marées? Nos Phyſiciens François ont jetté beaucoup de lumiere ſur cette queſtion. L'Auteur pouvoit profiter de la netteté de leurs idées ſans rien changer dans ſon Syſtême; il n'avoit qu'à mettre l'attraction au lieu de la preſſion lunaire.

chaleurs conſervées dans l'air & jointes à la chaleur ſuivante, quoique moindre en effet. Voilà pourquoi nous avons plus beſoin de réveiller la fraîcheur des Zephirs à coups d'Eventail quelques heures après midy, qu'à midy même. *

Enfin, les plus conſidérables de toutes les Marées tombent dans les nouvelles ou pleines Lunes des Equinoxes, parce qu'à la conſpiration des forces du Soleil & de la Lune, il ſe joint pour lors une une grande agitation dans les eaux; mais le Soleil étant plus voiſin de la Terre pendant l'Hyver que dans l'Eté, fait qu'au lieu d'arriver préciſément dans le tems des Equinoxes, ces groſſes Marées n'arrivent qu'un peu avant celui du Printems, & un peu après celui de l'Automne, c'eſt-à-dire dans

* Chez nous l'Eventail n'eſt conſacré qu'aux Dames, mais en Italie les Cavaliers n'en dédaignent pas l'uſage, & ils ont grand ſoin d'en être toujours munis pendant l'Eté.

le mois de Février & dans le mois d'Octobre.

Dans Mercure, dans Venus, & dans Mars les Marées n'obéiront qu'au Soleil; mais dans Mars à cause de sa distance elles seront insensibles.

Dans Jupiter & dans Saturne, qui sont prodigieusement loin du Soleil, il n'aura rien à démêler avec les Marées; elles se confondront suivant les caprices des Satellites, dont la multiplicité ne peut que les rendre fort irrégulieres. Si l'on sçavoit le tems de la rotation de Saturne, comme on sçait celui de la rotation de Jupiter; si l'on connoissoit leur Géographie & la quantité de matiere que leurs Lunes contiennent, comme on connoît leurs distances & leurs révolutions, on devineroit les quantités & les périodes de leurs Marées, & nous pourrions en envoyer la description à leurs Pilotes.

Nous voici une autrefois transportés dans le Ciel, dans des Mondes vastes & reculés, où l'attractation tient une place des plus brillantes.

Elle nous fait beaucoup voyager, reprit la Marquise ; nous franchissons en moins d'un clin d'œil des millions de lieuës, mais elle nous en récompense par des millions de belles & grandes vérités.

Un Auteur François, répliquai-je, un zélé partisan de notre Systême, n'a pas pris moins d'essor que nous ; il croit, avec beaucoup de vraisemblance, que les Lunes de Jupiter & de Saturne, aussi-bien que la nôtre, étoient autresfois des Cometes, qui ayant passé assez près de ces Planetes pour demeurer prises dans la Sphere de leur attraction, furent contraintes de tourner autour d'elles, & de Planetes principales qu'elles étoient, devinrent Planetes subalternes.

Saturne est dans une situation fort avantageuse pour faire de pareilles conquêtes ; peut-être a-t'il gagné de la même maniere un bel anneau dont nous le voyons environné; peut-être cet anneau brillant n'étoit-il autrefois que la queuë d'une Comete, qui passa pour son malheur trop près de lui.

Ce Saturne, dit la Marquise, est bien redoutable pour les Cometes qui l'approchent de trop près.... Il doit, Madame, être pour elles ce qu'étoit d'abord pour les Portugais le Cap de la Tourmente, que leur avare temerité nomma dans la suite le Cap de Bonne Espérance.* Au reste, ç'auroit été un beau spectacle de voir Saturne s'orner tout-à-coup, & s'enrichir d'un anneau lumineux, & la pauvre Comete dépouillée de sa queuë poursuivre tristement son chemin.

Il ne la dépoüilla pourtant, ajoûtai-je, que d'une chose dont elle s'é-

* Le Capitaine Barthelemy Diaz nomma d'abord ce vaste promontoire le Cap de la Tourmente, parce que la Mer est fort orageuse aux environs. Le Roy Don Juan II. l'appella ensuite le Cap de Bonne Esperance, pour témoigner par là que les Portugais pouvoient bien espérer de pénétrer jusqu'aux Indes, puisqu'ils avoient déja poussé si loin leurs découvertes.

toit parée aux dépens d'autrui, s'il en faut croire l'opinion d'un autre François, qui nous assure qu'elle avoit pris cette queuë dans l'atmosphere du Soleil en la traversant ; mais l'opinion commune des Newtoniens, est que les queuës des Cometes sont formées de vapeurs qui s'élevent du sein des Cometes mêmes, lorsquelles sont voisines du Soleil.

N'est-ce pas un bonheur, reprit-elle, d'avoir dans les mains un Systême, qui sans blesser la vérité flatte l'imagination par les merveilleux évenemens qu'il rend possibles?..... Et tout cela, Madame, par la seule force qui fait tomber une pierre sur la Terre..... En vérité, Monsieur, on diroit que cette attraction est pour la Nature ce qu'est le sujet d'une Sonate pour un grand Maître de Musique. Laissez-le faire, quelque simple que soit le sujet, il vous le variera de mille manieres différentes ; il lui donnera sans cesse un air de nouveauté,

& y trouvera de quoi former le concert le plus harmonieux.

La Nature, insistai-je, n'a besoin d'aucun autre sujet pour regler & pour varier l'harmonie d'une infinité de Planetes que nous ne voyons pas, & qu'elle a sans doute placées autour des Etoiles, tant fixes, qu'errantes; autour de ces Soleils attirans & lumineux qui nous éclairent pendant la nuit, *& que nous avilissons en leur donnant les noms de nos misérables Héros.* *

Mais, Monsieur, pourquoi ces Héros doivent-ils être fixes ou errants? Que ne s'approchent-ils, s'ils s'attirent; & en s'approchant, que ne se serrent-ils l'un contre l'autre? N'auriez-vous point quelque nouvelle parabole toute prête, & qui n'attendit que ma difficulté pour éclore?

* Les noms qu'on a donnés aux Corps célestes sont fort bons pour les distinguer sans leur faire aucun tort, leur avilissement prétendu répand sur le discours un air de déclamation.

Point du tout, Madame, à moins que vous ne preniez pour une parabole, qu'on vous dise que cela seroit précisément arrivé, si le nombre de ces Soleils n'étoit pas infini; alors ceux qui sont sur la superficie de cette Sphere immense n'auroient pû se dispenser de joindre leurs voisins, comme n'ayant point d'autres Soleils qui les attirassent en sens contraire, & qui les retinssent dans leurs orbites; ainsi courant de main en main, les uns vers les autres, ils se seroient tous amoncelés; bien-tôt il n'y auroit eu dans l'Univers qu'un Soleil d'une grandeur épouvantable.

Mais quel est le nombre de ces Soleils, quelles sont les limites de leur Sphere? Le centre n'en est-il pas par tout, & la circonférence en aucun endroit? Votre difficulté nous conduiroit à multiplier infiniment les Etoiles, quand même nous n'aurions pas déja mille autres raisons qui nous autorisent à le faire.

Je me perds, dit la Marquise, dans cette foule de Soleils & de Mondes planétaires, retournons de grace au nôtre; nous avons dans les mains un Systême qui peut le varier à l'infini, si l'infini a des charmes pour nous... & un Systême, ajoûtai-je, qui nous prédit ce qu'il y a de plus merveilleux, & qui nous rend raison des plus petits dérangemens qu'on doit voir arriver dans la Nature.

Quelle sublime Géométrie ne falloit-il pas pour trouver après l'établissement de l'attraction & de sa loi, le chemin que doivent suivre les Planetes dans les vastes campagnes du Ciel. Quelle sagacité pour prévoir de combien précisément elles doivent *devier* ou s'écarter de leur route dans la constitution du présent Systême? L'immensité de l'objet rend épineuses les regles générales; la délicatesse des différences rend encore les exceptions plus difficiles.

Le Soleil, qui est réputé immobile

dans le centre du Systême, se croyoit exempt de toute irrégularité, mais point d'exception, point de privilége pour lui; car puisque l'attraction entre les corps est toujours mutuelle, puisqu'un effet proportionné répond à l'activité de chaque cause; si les Planetes & le Soleil s'attirent réciproquement, il doit se ressentir de leur force, comme elles se ressentent de la sienne; ainsi, à parler dans la derniere rigueur, il change sans cesse de situation, suivant qu'elles en changent à son égard.

Après tant de belles spéculations, s'écria la Marquise, après tant de beaux raisonnemens pour prouver l'immobilité du Soleil; nous voici donc réduits à le faire mouvoir une autrefois? En vérité, continua-t'elle d'un petit air mocqueur, qui auroit charmé le Géométre le plus severe, autant valoit s'en tenir d'abord à l'opinion commune sans se rompre tant la tête! Ne faites-vous pas comme ceux qui ayant employé toute leur raison pour abjurer les préjugés populaires, ont ensuite besoin de cette même raison pour les reprendre, s'ils veulent vivre parmi les hommes?

Notre cas, répliquai-je, est bien différent; il s'agissoit autrefois de promener le Soleil autour de la Terre; on lui faisoit parcourir environ cinq cens mille lieuës dans un jour; maintenant c'est la Terre qui marche autour du Soleil; & lui, il ne fait autre chose, que s'approcher ou s'éloigner un peu du centre commun de tout le Systême; tantôt dans un sens, tantôt dans un autre; ce mouvement est insensible dans l'Astronomie, & ce n'est, s'il faut le dire, qu'une finesse Mathématique, une Observation délicate, que je n'ai pas cru devoir vous cacher. Quand toutes les Planetes seroient d'un même côté, vous jugez bien que leurs forces agiroient sur le Soleil plus vivement que jamais pour l'attirer, & pour l'éloigner du centre; elles ne l'attireroient pourtant, vû l'énormité de sa masse, que d'un seul de ses diametres.

Allons, Monsieur, je conviens de mon tort, j'aime à voir que le Soleil malgré son énorme grandeur, ne laisse pas d'observer les loix générales de la gravitation; c'est un bel exemple pour les Rois; ni l'éclat de leur fortune, ni leur pouvoir suprême ne devroient jamais les affranchir des loix universelles de l'humanité.

Notre Lune, continuai-je,

> Qui dans sa course vagabonde
> Bravoit tous les Observateurs,
> Et qui ne présentoit au monde
> Qu'un modele parfait de caprice & d'erreurs.

Notre Lune, dis-je, se trouve maintenant soumise par l'attraction aux calculs les plus rafinés & les plus délicats des Astronômes; ses irrégularités, ses caprices sont réduits à des regles certaines & constantes. Les Cometes ennemies des Systêmes, & qui bravoient le frein des nombres encore un peu plus que ne fit jamais la Lune, se sont asservies enfin à rouler autour du Soleil, & quoique leurs orbites soient beaucoup plus oblongues que les orbites des Planetes, elles ne laissent pas d'y observer les mêmes loix.

Fondés sur de justes Observations, nos Philosophes ont marqué à quelques Cometes les orbites qu'elles devoient parcourir dans ce Systême, & elles les ont réellement parcouruës avec presqu'autant de ponctualité que les autres corps planetaires.

Malgré le peu d'exactitude qu'on trouve dans les Observations que les Anciens nous ont laissées sur les Cométes, on a osé prédire le retour de quelques-unes, comme on prédit le retour des Eclipses. Un Titien pouvoit bien voir par une simple ébauche l'effet que devoit faire un tableau; un Newton pouvoit aussi sur des Observations imparfaites deviner le cours que prendroit la Nature.

Sénéque

Sénéque jugeoit avec raison que tôt ou tard la Postérité calculeroit les périodes, & prédiroit le retour des Cométes; on nous annonce que celle qui parut en 1658, reparoîtra dans vingt-trois ans; je me flatte que nous pourrons l'observer, vous jeune & belle, & moi pas encore vieux; vous serez l'Uranie qui dirigera seurement mon Télescope.

Que de métamorphoses dans votre Systême, Monsieur! moi changée en Uranie, & jeune encore dans un âge où c'est une impolitesse de parler d'années aux Dames, & la fuite d'une Cométe renduë plus funeste que son apparition..... Elle ne paroîtra que trop-tôt, continuai-je, pour nous faire souvenir de notre tems passé..... En ce cas-là, reprit-elle, nous pourrons dire tout le contraire de ce qu'on dit ordinairement.

Lorsqu'un bien souhaité vient combler nos désirs,
Plus il fut attendu, plus doux sont les plaisirs.

En vérité, poursuivit-elle, c'est un

grand bonheur d'être présentement Astronôme ! au moins n'attend-on pas en vain ; quel plaisir de se faire une espéce de domination dans le Ciel !

Jamais, lui repliquai-je, il n'arriva rien de plus flatteur pour les Astronômes, ni de plus glorieux pour le Systême Newtonien que la conjonction de Jupiter & de Saturne, telle qu'on l'observa dès l'entrée du siécle présent, siécle vrayment fécond en spectacles merveilleux ; les deux Planetes devoient s'approcher l'une de l'autre, c'est un Phénoméne assez rare, l'immense étenduë de leurs orbites, & le tems qu'elles employent à les décrire, ne leur permettent pas de nous donner souvent une scene pareille.

Si l'on put jamais esperer de voir les effets de l'attraction mutuelle dans le trouble & dans les altérations qui surviendroient aux mouvemens des Planetes, n'étoit-ce pas dans cette conjoncture, où deux des plus puisſantes Planetes du Syſtême Solaire s'avoiſinoient, dans une diſtance pourtant d'environ cent ſeize millions ſix cent ſoixante-ſept mille lieuës?

C'étoit là une Obſervation en grand auſſi déciſive pour le Syſtême Celeſte de Newton, que l'avoit été en petit l'Expérience de la réfraction des Rayons colorés au travers d'un ſecond Priſme, pour ſçavoir ſi la Couleur étoit une modification de la Lumiere.

La curioſité fut d'autant plus grande que le Syſtême Newtonien n'étoit qu'à ſon aurore; & le tems qui diſſipe l'erreur, le tems qui fait valoir la vérité, n'avoit pas encore muri les découvertes du Philoſophe Anglois.

Le trouble, que Jupiter, la plus vaſte de toutes les Planetes, cauſa dans les mouvemens de Saturne, & celui qu'à ſon tour Saturne excita dans les Satellites de Jupiter, devinrent ſi conſidérables qu'ils ne purent échapper aux yeux des Aſtronômes, même les plus mal disposés. Malgré les opinions contraires qu'ils soûtenoient, malgré les gagures qui les interessoient à ne jetter sur les choses qu'un regard louche & fasciné, la vérité prit le dessus, & Newton eût l'avantage d'arracher de la bouche de ses Rivaux une confirmation solemnelle de son Systême. Que sont les Lauriers des Césars & des Alexandres, misérables Conquérans qui bouleversent à grands frais deux Particules de notre Globe ? quel rang tiennent leurs triomphes auprès du triomphe d'un Sage, qui nous développe d'un clin d'œil toute l'harmonie de l'Univers ?

Monsieur, j'approuve de tout mon cœur la conduite de l'Astronomie, elle rend noblement à Newton les secours qu'il lui a prêtés dans les Eclipses totales ; ces secours mutuels, ce commerce de vérité ne peuvent que faire honneur aux Sciences.

Croyez, Madame, qu'on ne vit

jamais mieux briller ce commerce que dans l'attraction ; toutes les Sciences contribuent à sa gloire, comme tout le Monde contribuoit autresfois à la grandeur Romaine.

Quoique je vous aye dit que les effets de l'attraction sont plus remarquables dans le Ciel que par tout ailleurs, toute la Physique, l'Hydrostatique, la Chymie, & l'Anatomie même la manifestent clairement. M. Muscembrock, qui conserve dans la Philosophie le caractere d'un homme libre & d'un vrai republicain, nous offre un témoignage respectable.

Ayant consacré plusieurs années de sa vie aux Expériences & aux Recherches, cet illustre Hollandois déclare avec ingénuité qu'il a observé certains effets, certains mouvemens qui ne peuvent ni s'expliquer, ni s'entendre par le moyen de la pression externe d'aucun fluide, mais que la Nature crie à haute voix qu'il y a dans les corps une Loy infuse, par laquelle ils s'attirent indépendamment de l'impulsion.

Les fermentations Chymiques, la dureté des corps, la rondeur des goutes d'eau, la rondeur de la Terre même, la séparation des humeurs dans le corps animal, la maniere dont les éponges sucent l'eau, l'élevation de l'eau dans les tuyaux nommés Capillaires, à cause de leur extrême subtilité, & mille autres choses merveilleuses, sont des preuves incontestables de l'attraction.

Je me flatte qu'après tant de preuves vous me permettrez de l'amener en triomphe dans l'Optique pour y expliquer des Phénoménes, qui dépendent de l'attraction mutuelle entre la Lumiere & les corps.

Pourrois-je, dit la Marquise, ne pas permettre aux corps & à la Lumiere de s'attirer réciproquement, moi qui ai vû Saturne & le Soleil s'attirer malgré leurs distances énormes ?

La réfraction, continuai-je, pour ne vous plus parler de la diffraction, ne sera-t'elle pas aussi un effet de la force attractive? Ne provient-elle pas de ce que les milieux par où la Lumiere passe, sont doüés d'un moindre, ou d'un plus grand degré de cette même force, suivant leur plus grande ou moindre densité? enfin cette force ne l'emportera-t'elle pas sur le pouvoir de la gravitation?

Autrement, à cause de l'immense force de la Terre, qui tire tout à elle, un Prisme fut-il plus grand que le Pic de Tenerife, ne pourroit jamais rompre le plus subtil Rayon de Lumiere.

Tant que la Lumiere passe par le même milieu, elle ne doit décliner d'aucun côté, mais toûjours avancer suivant la direction qu'elle a reçûë du Soleil, ou d'un autre corps radieux, parce qu'alors elle est également attirée de toutes parts.

Mais si dans sa route elle rencontre un autre milieu plus fort, tel qu'eſt, par exemple, le criſtal à l'égard de l'air, ne devra-t'elle pas décliner vers ce milieu nouveau, &c. s'y plonger en ſe rapprochant plus ou moins du perpendicule, ſuivant que l'attraction du milieu ſera plus ou moins vive ?

En ſortant du criſtal pour entrer dans l'air, le Rayon eſt une ſeconde fois attiré par l'air & par le criſtal ; mais comme la force du criſtal eſt plus grande que celle de l'air, la Lumiere doit ſe tenir inclinée derriere la ſuperficie du criſtal d'où elle ſort, ou bien derriere la ſuperficie de l'air où elle entre, & qui *baiſe* immédiatement le criſtal même.

Vous voyez que par le ſecours de l'attraction l'on explique aſſez heureuſement un Phénoméne, dont le célébre Deſcartes ne ſe tira qu'en bleſſant les Loix de la Nature ; car il fut contraint de ſuppoſer que la Lumiere traverſe plus facilement les milieux

lieux denſes que les milieux rares ; n'eſt-ce pas nous dire que ce qui réſiſte le plus à tous les autres corps, doit moins réſiſter à la Lumiere en vertu de je ne ſçais quel privilége ? c'eſt une choſe merveilleuſe de voir comme on déduit géométriquement de notre explication Newtonienne les effets bizares & ſinguliers, qui arrivent dans les réfractions par la voye de l'expérience.

Pour moi, repliqua-t'elle, qui ne puis entrer dans le ſanctuaire de la Géométrie, je me contenterai de ſçavoir que l'attraction devant être plus grande ſuivant la plus grande denſité du milieu, on doit y trouver auſſi une réfraction plus forte.

Les Hollandois, ajoutai-je, l'ont trouvée beaucoup plus forte qu'ici dans la nouvelle Zemble ; l'air eſt prodigieuſement froid, & par conſéquent très-condenſé dans ce Pays Septentrional, vrai repaire des Ours blancs, & de quelques miſérables Européens, victimes de leur avarice ou de leur curiosité.

Graces à cette grande réfraction; les Hollandois après une longue absence du Soleil eurent le plaisir de le voir quelques jours plûtôt que la Science de la Cosmographie ne sembloit le promettre. L'air condensé qui répand ordinairement la tristesse dans le cœur, servit pour lors à leur égayer l'imagination par une Lumiere prématurée.

Jusqu'à présent la densité de l'air & les réfractions merveilleuses de ce climat sauvage n'ont été guéres examinées par les Philosophes, mais nous pouvons esperer que nous en aurons bien-tôt des nouvelles certaines. Une sçavante Troupe s'apprête à pénétrer des bords heureux de la France jusqu'au fonds du Golfe Bothnique; une autre va vers le Pérou; toutes deux pour déterminer qu'elle est la vraye figure de la Terre; toutes deux guidées par le noble projet de perfectionner la raison humaine ; les Jardins délicieux & les Plaisirs de leur Patrie ne peuvent les arrêter, l'idée des plus affreux deserts, & les rigueurs d'un Ciel, qui semble proscrit par la Nature, ne les étonnent pas. Quelles Observations, quelles Lumieres ne devons-nous point attendre de ces illustres Voyageurs ?

Dans l'Océan de l'Amérique Septentrionale les froids sont incomparablement plus aigus que dans l'Europe sous la même distance du Pôle ; on y voit des Montagnes de glaces peut-être aussi anciennes que le Monde. Entre ces Montagnes il est arrivé quelquesfois que des Vaisseaux qui voguoient à pleines voiles se sont trouvés tout à coup immobiles comme s'ils eussent été à sec sur la Terre.

M. Halley, en qui l'Angleterre respecte l'ami de Newton, & qui dans ses Méditations ne se propose que de grands objets; M. Halley, dis-je, croit que ces Pays Septentrionaux furent peut-être autresfois plus voisins du Pôle qu'ils ne le sont présentement, mais qu'une Cométe qui heurta la Terre, les en a éloignés en changeant la situation de la Terre même, & que cependant *les Réservoirs de glace* qui s'étoient formés avant ce choc terrible, sont restés dans leur premier endroit, sans que la chaleur des siécles suivans ait pû les fondre ; delà, selon lui, proviennent ces grands froids & ces fortes réfractions.

Quelques Anglois, qui sans le trouver, chercherent, il y a plus d'un siécle, dans l'Amérique Septentrionale un passage à la Mer du Sud, furent contraints d'hiverner dans une Isle qui n'est guéres plus au Nord que Londres. Tout y étoit de glace, la Maison qu'ils se fabriquérent, la Mer qui les environnoit, leur Vaisseau & eux-mêmes, si l'on ose le dire.

Ils étoient obligez de couper à coups de hache le Vin le plus spiritueux, la réfraction étoit si forte que souvent la

Lune leur paroissoit d'une figure ovale, très-longue & très-écrasée, & le Soleil deux fois plus large que long ; souvent l'air étoit si pur qu'ils découvroient deux tiers plus d'Etoiles que l'on n'a coutume d'en appercevoir sous un Ciel plus doux, & ils connoissoient sans le secours des Lunettes que la Voye lactée en étoit une immense *fourmiliere* ; dans ce Pays-là il n'auroit fallu ni un Démocrite pour le deviner au milieu des Songes de l'ancienne Philosophie, ni un Galilée pour nous le vérifier par le moyen du Télescope.

Plusieurs Expériences faites en Angleterre montrent que la force réfractive augmente dans l'air à mesure que la densité s'accroît. Cette regle en général n'est pas moins vraye dans les autres milieux qui rompent la Lumiere ; il y a pourtant quelques milieux particuliers qui demandent des exceptions.

L'Air, l'Eau & le Verre suivent

ſenſiblement la regle, mais les Liqueurs qui ont quelque choſe d'huileux & de ſulphureux, & qui par conſéquent ſont inflammables, paroiſſent doüées d'une plus grande force réfractive que les liqueurs d'une autre nature, quand même celles-ci auroient une plus grande denſité; l'huile eſt moins condenſée que l'eau, puiſqu'elle nage ſur l'eau, & cependant elle a plus de force pour briſer la Lumiere.

Ah! mon Dieu, interrompit-elle, je ſuis ennemie des exceptions, & les *mais* dans le diſcours ſont mortels pour moi! tout homme, qui à nos yeux ſe mettra ſur le ton de médire de notre ſexe, exceptera ſans doute avec un *mais forcé* les Dames qui auront le malheur d'être préſentes; la Satyre ſi flatteuſe pour la malignité de l'eſprit humain devient froide avec ces ſortes de reſtrictions, & je crois qu'elles ne ſont pas moins funeſtes à la vérité; la vérité perd beaucoup en ceſſant d'être générale.

Les exceptions, telles que je les employe ici, Madame, ne font, à proprement parler, que des vérités nouvelles qui naiffent de la découverte de plufieurs caufes; on les combine, & l'on trouve que leur différent affemblage doit varier les effets, c'eft une fource d'agrémens dans la Nature.

Cette réfraction plus forte dans une moindre denfité de milieu dérive d'une autre correfpondance particuliere, qu'il y a entre la Lumiere & certaines liqueurs.

La Lumiere agit fur ces liqueurs plus que fur un autre milieu, parce qu'elle les remuë, qu'elle les échauffe & les enflamme plus facilement; n'eft-il pas jufte qu'à leur tour ces mêmes liqueurs agiffent plus qu'un autre milieu fur la Lumiere en la brifant davantage?

Au refte, il paroît que la force des liqueurs en queftion réfide principalement dans leurs parties fulphureuses ; delà vient que l'eau boüillante où ces parties sont plus dévelopées, a plus de force réfractive que l'eau froide.

En général la chaleur & le frottement accroissent & raniment la proprieté d'attraction, ou la font éclater d'une maniere particuliere ; l'Ambre, les Pierres transparentes, les Cheveux, le Crin, & plusieurs autres choses étant bien frottées montrent qu'elles ont cette force, qu'on appelle électrique, force capable de se communiquer, de s'étendre au loin, & d'exciter toujours notre admiration par des effets plus merveilleux qu'on ne sçauroit l'imaginer.

Si l'on frotte un tuyau de verre jusqu'à ce qu'il ait acquis de la chaleur, il attirera des corps legers, tels que du coton ou des feüilles d'or, ensuite il les chassera loin de lui, il excitera une espece de tempête dans une masse de petits morceaux de papier brûlés en les attirant & les chassant tour à tour tumultueusement ; c'est une vraye baguette magique, dont le pouvoir transmet ou réveille dans les corps une proprieté, qui auparavant dormoit en eux.

Une balle d'yvoire suspenduë au bout d'une ficelle d'environ mille pieds de longueur acquiert la même vertu d'attirer & de chasser les corps, si à l'autre bout de la ficelle on met le tuyau de verre frotté, & devenu électrique.

Vous avez grande raison, Monsieur, d'appeller ce tuyau une baguette magique, puisqu'il fait des choses vrayment incomprehensibles ; au moins le sont-elles pour moi, car je ne sçaurois concevoir pourquoi il attire les petits corps avec tant d'avidité, ni pourquoi ensuite il les repousse & les chasse avec une espece de colere.

Jusqu'à présent, continuai-je, l'observation nous a tenu lieu du fil d'Arianne dans le labyrinthe de la Physique, il faut esperer qu'elle nous prêtera le même ſecours dans le peu de chemin qui nous reſte à faire. Elle vient de nous ouvrir une ſeconde ſource de richeſſes en nous manifeſtant les nouvelles proprietés de la Lumiere & des Couleurs, & l'attraction cachée dans les plus ſecrets replis des corps. Croyez, Madame, qu'un guide ſi fidele ne nous abandonnera point, dès qu'il s'agira de pénétrer d'où vient la répulſion, dont les effets ne ſont ni moins ſurprenans, ni moins conſidérables dans la Nature.

N'eſt-ce pas cette derniere force qui fait que les Mouches peuvent marcher ſur l'eau ſans ſe moüiller les pieds *, & que les particules émanées

* *Certains animaux, tels que les Plongeons*, les Canards, & quelques eſpéces de Mouches, ne ſçauroient bien faire leurs fonctions, s'ils ſe moüilloient. La nature penſe à tout, elle leur donne une huile, une humeur onctueuſe qui ſe répand au-dehors, & où l'eau ne peut ni s'inſinuer ni s'attacher. Pourquoi ne le peut-elle pas? c'eſt qu'elle eſt compoſée de molécules trop groſſieres pour s'inſinuer dans les pores de l'huile, & trop

des corps par le moyen de la chaleur & de la fermentation se dilatent jusqu'au point d'occuper infiniment plus d'espace qu'elles n'en occupoient en premier lieu ?

L'air se dilate d'une maniere prodigieuse, sa dilatation va si loin qu'alors il peut occuper un espace huit cent vingt-six mille fois plus grand que s'il étoit comprimé, & cela sans qu'on l'échauffe, car si on l'échauffoit, il s'étendroit encore bien davantage.

Pour vous montrer que cette force de répulsion n'habite pas moins dans les Cieux que sur la Terre, il me suffira de vous rappeller la fameuse Cométe de 1680. Elle s'approcha tellement du Soleil qu'elle en fut échauffée dix mille fois plus que ne l'est un

fluides pour s'attacher à une superficie graissée. Prenez un Canard mort depuis douze jours, jettez-le dans l'eau ; vous verrez que ses plumes se moüilleront, parce qu'alors l'espece de vernis qui les garantissoit auparavant, leur manquera faute de nourriture. Doit-il se contenter de la force repulsive pour expliquer un pareil Phénoméne ?

fer rouge; les vapeurs qui s'éleverent alors de son sein, & qui furent chassées au loin les unes des autres par leur force répulsive, lui préterent une queuë si épouvantable, qu'elle embarrassoit le Ciel de la longneur de quatre-vingt millions de mille; malheur à nous si nous étions venus à passer auprès d'elle, & à être enveloppés de sa matiere, car au lieu d'y gagner un Anneau lumineux ou un nouveau Satellite, nous aurions été calcinés & brûlés, comme une petite pierre dans le foyer d'un miroir ardent.

Certains Esprits, que les phantômes d'un avenir incertain ne laissent pas songer au present qui nous échape, s'attendent que tôt ou tard notre Globe sera consumé par quelque Cométe de cette espece. Les Cométes, ont peut-être causé autresfois un déluge; peut-être qu'en heurtant la Terre elles y ont bouleversé toutes choses; qui peut sçavoir si elles n'allumeront jamais un incendie où la Terre quittera son antique dépoüille, & reprendra sa premiere jeunesse, comme fait le Serpent? notre grand Théâtre pourroit alors changer d'Acteurs & de Décoration?

Notre Théâtre, Monsieur, est si varié, si agréable par lui-même dans l'état où nous le voyons, que je me tromperois beaucoup s'il ne suffisoit pas pour nous amuser un bon espace de tems, sans que les Décorations ayent besoin d'être changées.

Mais, peut-être, ajoûtai-je, que nous devons aux Cométes les plus belles choses dont nous joüissons présentement; peut-être qu'elles ont été pour notre Théâtre l'ingénieux machiniste qui l'a rendu capable de tourner, comme le fameux Théâtre de Curion chez les Romains; ces Vainqueurs de l'Univers, *ces Enfans des Dieux immortels* étoient assis sur un bois fragile où ils ne goûtoient le plaisir du Spectacle qu'aux dépens de leur sûreté; ne sommes-nous pas à peu près dans la même situation?

Peut-être, dis-je, que nous devons au choc d'une Cométe le mouvement de rotation dont la Terre est douée, la constante & perpetuelle succession de l'ombre à la Lumiere, enfin l'agréable varieté du jour & de la nuit.

Auparavant nous avions six mois de jour & six mois de nuit, comme les froids Habitans du Pôle, sans avoir comme eux ni une forte réfraction, ni un long crepuscule qui vinssent nous anticiper & nous prolonger le jour; un peu de Lune nous auroit de tems en tems foiblement égayés dans des ténébres si ennuyeuses; quelle Optique, quelles Couleurs aurions-nous eûës pendant tout cet intervalle?

Puisque toutes choses sont présentement en bon état, reprit-elle, Dieu veuille nous preserver désormais du voisinage des Cométes, de leur choc, des incendies, & des déluges dont elles nous ménacent, & de cette force répulsive, qui les rend si redoutables; mais tout ce que vous me dites-là, n'eſt-ce pas des énigmes ou des chimeres de Phyſique ? eſt-il poſſible que les mêmes corps puiſſent s'attirer & ſe repouſſer ?

Je ne ſçais, répliquai-je après un moment de ſilence, ſi je dois vous mener plus avant dans le ſanctuaire du Newtonianiſme ; il y a dans cette Philoſophie des myſteres encore plus relevés que tous ceux dont je vous ai fait part juſqu'à préſent. Ce ſeroit ici le lieu d'invoquer ces eſprits céleſtes fils aînés de la Lumiere, ces gardiens des ſecrettes vérités, qu'ils découvrirent à notre Philoſophe ; ſans leur ſecours quel moyen de vous montrer choſes extrémement reculées de la vûë de mortels, & cachées pour eux dans un brouillard preſqu'impénétrable.

Quoiqu'il en ſoit, ſi vous voulez percer ce brouillard terrible, il faut vous dépouiller entierement du peu qui pourroit vous reſter de prophane. Dites-moi, Madame, qu'elle force vous sentez - vous pour chercher la vérité?... Toute la force, Monsieur, que sent un brave Soldat pour accompagner son Capitaine dans le chemin de la gloire? Je vous suivrai hardiment dans quelque lieu que la vérité vous conduise.

Lorsqu'on vous dit, Madame, que les corps doivent s'attirer & se repousser, vous avez quelque raison de traiter cela d'énigme, mais ne trouveriez-vous pas l'énigme encore plus indéchiffrable, si l'on vous disoit que ces deux forces opposées sont d'une même nature, qu'en un mot, elles ne sont que la même force qui se manifeste diversement & en différentes circonstances?

Quoi, me dit-elle en souriant, vous prétendez que la force répulsive soit de même nature que la force d'attraction! l'une fait tout le contraire de l'autre, celle-ci attire, & celle-là repousse; sont ce-là ces mysteres si relevés, que vous venez de m'annoncer avec tant d'appareil, & dont à peine vous me me jugiez digne, ne se réduisent-ils pas *au roti & au bouilli du Medecin de Moliere?*

Ah, ah, Madame, vous vous mocquez des choses les plus sacrées de la Physique, & dont vous ne connoissez pas le fonds! Ah, que d'humeur profane il vous reste encore! mais vous en serez bien-tôt punie; ressouvenez-vous des vérités que vous avez découvertes vous-même, il n'y a pas long-tems, en faveur de cette attraction, pour qui vous témoigniez d'abord tant d'éloignement!

Au reste, les Dames devroient moins s'étonner que personne d'entendre dire qu'une chose produit des effets contraires; un grand air de reserve & une partialité déclarée n'annoncent quelquefois de leur part qu'un même principe, & ne donnent aux Connoisseurs qu'une même idée; l'amour est comme le Soleil qui endurcit & qui amollit suivant les différentes circonstances où il exerce sa chaleur.

Dans nos actions les plus bruyantes cette vérité n'éclate pas moins que dans les Phénoménes de la Physique & de la Galanterie ; la même soif de laisser un grand nom & de vivre dans l'Histoire brûle en Asie le Temple d'Ephese, & précipite en Italie un Chevalier Romain au fonds d'un gouffre ; elle fait d'un Curtius un Héros, & d'un Erostrate un Incendiaire.

Il se passe chez nous des choses qu'on peut prendre au premier coup d'œil pour des contrarietés manifestes & parfaitement incompatibles ; l'homme veut & ne veut pas, on diroit qu'il est double, mais dans le fonds tout cela n'est souvent qu'une suite nécessaire de la même passion, & des mêmes mouvemens de son cœur.

Ainsi la même cause qui fait que les corps s'attirent, peut faire qu'ils se repoussent dans quelques circonstances ; on trouve entre ces deux forces plusieurs Analogies d'un grand poids pour conclure que l'attraction & la répulsion partent d'une seule proprieté qui produit des effets divers.

Généralement, ou la force d'attraction est foible ; la force répulsive l'est aussi, & où l'une est grande, l'autre l'est encore: la réfraction qui dépend de l'une des deux, & la réfléxion qui dépend de l'autre, se font où il y a une superficie capable de séparer deux corps différens en densité ; puisque tant que les Rayons courent dans le même milieu, & n'en rencontrent point d'une densité diverse, ils ne sont ni réfléchis ni rompus.

Plus les Rayons sont réfrangibles, plus ils nous sont facilement renvoyés par les objets ; plus un corps a de vigueur pour rompre & pour attirer la Lumiere, plus il en a pour la repousser ; * les Diamans en sont une belle

* Il y a dans le texte : *Les Rayons les plus refrangibles sont plus facilement réfléchis que les autres ; de là vient qu'on dit que les Rayons les plus refrangibles sont aussi les plus réfléxibles. Dans les corps par lesquels la Lumiere est plus considérablement rompuë,*

preuve, c'eſt de-là que provient l'extrême vivacité de leurs Couleurs, auſſi bien que l'éblouiſſant éclat de leur feu.

Ces Analogies, continua la Marquiſe, ſont belles & bonnes, & les exemples dont vous vous ſervez pour me reprocher ma témerité, ſont bons auſſi; je me repens de m'être mocquée d'une choſe qui méritoit des ſentimens d'admiration.

Mais ne m'avez-vous pas dit, pourſuivit-elle, que la réfléxion ſe fait quand la Lumiere dardée ſur les corps touche leurs parties ſolides dont elle eſt repercutée? Cette explication me paroiſſoit aſſez claire, & même un peu plus que celle qu'il vous plaît de m'annoncer préſentement.

elle eſt auſſi plus fortement réfléchie, & en général où il y a une plus grande force attractive & refractive, il y a auſſi une [illegible] grande force refléxive & repulſive. J'ai rendu tout cela dans deux phraſes aſſez courtes, & j'ai tâché d'en ôter quelques termes, dont le retour trop frequent pouvoit bleſſer des oreilles délicates.

C'eſt Deſcartes, Madame, qui vous donnoit cette explication, & non pas moi; ainſi elle doit vous être ſuſpecte. Quelques perſonnes judicieuſes, ont déja remarqué qu'en Philoſophie l'on ne doit ſe fier ni aux choſes qu'on croit entendre trop facilement, ni à celles qu'on n'entend point du tout.

Si la réfléxion ſe faiſoit, comme vous vous êtes flattée de le concevoir juſqu'à préſent, lorſque la Lumiere rencontre les parties ſolides des corps; ſçavez-vous quel inconvénient il en réſulteroit dans la Nature? Il n'y auroit plus de miroirs, ni plus de toilettes.

Une ſurface, quelque polie qu'elle nous paroiſſe, ne laiſſe pas d'avoir des irrégularités aſſez ſenſibles, on les découvre avec le Microſcope; figurez-vous que les corps, que vous croyez les plus unis, ſont comme l'eau quand elle eſt ridée par le vent.

Cette eau ridée nous renvoye irrégulierement les Rayons, tout autre corps les réfléchiroit de même, jamais vous ne verriez vos appas bien exprimés dans un miroir, jugez combien cette belle explication vous coûteroit.

Est-il bien vrai, Monsieur, que cette explication nous coûteroit si cher? Vous me faites peut-être plus de peur que le danger ne l'exige; les irrégularités d'une glace, quoique sensibles au Microscope, ne pourroient-elles pas être insensibles aux Rayons lumineux?

Vous êtes bien difficile, Madame, depuis quelque-tems! les éminences & les cavités des miroirs les plus polis, sont pour une particule de Lumiere, ce que seroient les Alpes ou les Pyrenées pour une balle de billard; on découvre les irrégularités d'un miroir avec un Microscope, mais aucun Microscope ne peut nous montrer les pores du Diamant, & cependant les Rayons y trouvent un passage aisé.

Où nous sauverions-nous si les particules de la Lumiere n'étoient pas d'une petiteſſe prodigieuſe? La force des corps s'eſtime ſuivant la quantité de matiere qu'ils contiennent, & ſuivant la velocité qu'ils ont; on reconnoît que leur force eſt d'autant plus grande qu'ils ont une plus grande maſſe & un cours plus rapide.

Or les particules de la Lumiere volent d'une viteſſe incroyable, car elles viennent du Soleil juſqu'à nous en huit minutes; elles parcourent en huit minutes un eſpace de vingt-ſept millions de lieuës; il faut donc qu'avec une vélocité qui l'emporte plus de dix millions de fois ſur celle des meilleurs Courſiers d'Angleterre*,

* Quoiqu'il n'y ait point de cheval qui faſſe une lieuë en 8. minutes, ſuppoſons-en un qui ſoit aſſez bon courſier pour cela, & qui ne ſe laſſe jamais; il lui faudra 411. ans moins 15. jours pour fournir une carriere de 27. millions de lieuës. D'où il ſuit qu'il aura 16999999. fois moins de viteſſe que la Lumiere dans l'hypotheſe des Newtoniens; ainſi le calcul de l'Auteur n'eſt pas exact. Au reſte, ſuivant les découvertes de M. Caſſini, le Soleil eſt plus éloigné de la Terre que M. Algarotti ne le pretend. Cette diſtance va juſqu'à 33. millions de lieuës, & ſelon d'autres juſqu'à 30.

leur masse soit presqu'infinement petite, sans quoi une seule d'entr'elles, au lieu d'animer & d'embellir la Nature, produiroit sur notre Globe les plus formidables effets du canon.

J'entends cela, Monsieur, & je conçois que l'on gagne beaucoup à ne croire d'abord, ni les hommes en général, ni les Philosophes en particulier. Quand nous nous montrons un peu reservées sur cet article, *nous autres* que vous amusez souvent par des mensonges si flatteurs, nous vous obligeons à nous donner de nouvelles preuves; & c'est toujours un profit, soit que vous ne cherchiez qu'à nous plaire sous le masque du vrai, soit qu'en effet la vérité s'en mêle. Je me garderai bien dans la suite de vous croire vous-même trop legerement.

Au moins pour cette fois, Madame, votre credulité ne chargera guéres votre conscience; vous n'aurez point à vous reprocher d'avoir cru sans de forts argumens, que la réflé-

xion

xion de la Lumiere ne vient pas de la rencontre des parties solides : car outre l'inconvénient qui en résulteroit si cette opinion avoit lieu, outre les Miroirs supprimés, qui feroient une époque lamentable dans l'Histoire de la Toilette, on observé que la Lumiere transmise par un morceau de verre souffre une plus grande réfléxion à sa sortie qu'à son entrée. Cependant à coup sûr la Lumiere ne trouve pas plus de parties solides dans l'air, qu'elle n'en a trouvé dans le verre même.

De plus, si l'on met de l'eau ou de l'huile immediatément derriere le cristal, la réfléxion sera plus foible. Est-ce que la Lumiere trouveroit moins de parties solides dans l'eau ou dans l'huile que dans l'air ? Je ne crois pas que personne ose jamais l'assurer.

Enfin, si par le moyen d'un instrument propre à cet effet l'on absorbe tout l'air qui est derriere le cristal, la réfléxion deviendra beaucoup plus forte que quand l'air y contribuoit. Direz-vous que la Lumiere trouve un plus grand nombre de parties solides dans le sein du vuide que dans l'air même?

Dieu m'en garde! s'écria-t'elle, je dirai plûtôt que cette réflexion est l'effet de la force repulsive....... Ce n'est pas, ajoûtai-je, la force repulsive qui agit en pareille conjoncture; c'est la force d'attraction; car lorsqu'un Rayon sortant du verre entre dans l'air, il est attiré par l'un & l'autre, ainsi la partie de lui-même qui se trouve la plus voisine du premier, s'en retourne en arriere, comme si elle avoit été réfléchie; mais si l'air est supprimé, les corpuscules du Rayon sont extrêmement attirés par le cristal, & presque point par le peu d'air restant; pour lors le Rayon retourne presque tout entier sur ses pas.

Mais si derriere le verre on met de l'eau ou de l'huile, qui attirent beaucoup plus le Rayon, que l'air ne le fait, la partie qui retrogradera doit être moindre que si l'air y étoit encore. Enfin, lorsqu'on en viendra jusqu'à balancer les forces de deux milieux ; lorsqu'on mettra, par exemple, derriere le cristal une liqueur qui sera à-peu-près de la même densité, ou bien un autre morceau de cristal, le Rayon doit passer tout entier, & dans ce cas il n'y aura aucune réfléxion.

Généralement on peut établir que la force attractive est cause de la réfléxion des Rayons, lorsque la Lumiere passe d'un milieu condensé dans un milieu rare ; & qu'au contraire c'est la force repulsive, quand la Lumiere passe d'un milieu rare dans un milieu condensé.

Dans l'un & l'autre cas, puisque les proprietés d'attraction & de répulsion se perpetuent à quelque distance des corps, la Lumiere ne manque point d'être réfléchie, quoiqu'elle soit éloignée du corps réfléchissant. Tout de même que quand elle commence à se briser, elle est un peu éloignée du milieu qui la contraint se rompre, & qu'elle l'est aussi de l'extrêmité des corps, lorsqu'en passant auprès d'eux, elle souffre une diffraction qui l'écarte de son droit chemin. Vous voyez bien que les Phénomenes de la réfléxion ne sçauroient s'accorder avec les parties solides.

Voilà, dit-elle, le pauvre Descartes battu jusques dans ses derniers retranchemens. Nous n'aurions pour achever sa défaite qu'à lui nier que la Lumiere soit transmise par les pores; il ne lui resteroit rien d'entier, non plus qu'à l'Alexandre de la Suede, qui ayant volé quelque-tems de victoire en victoire, perdit enfin le plus beau de ses propres Etats.

Au moins, Madame, pour lui disputer tous ses Lauriers, on lui nie que la quantité où la grandeur des pores contribuent à la transparence.

On prouve au contraire, que si les pores d'un corps, par exemple, les pores d'une feüille de papier se rempliſſent d'eau ou d'huile, cette feuille deviendra diaphane, au lieu qu'auparavant elle étoit opaque. *

Mais ſi l'on multiplie les pores dans un corps, comme dans le verre, lorſqu'on le réduit en poudre ; une ténébreuſe opacité lui dérobera le beau privilége de tranſmettre les Rayons.**

C'eſt dans l'homogeneité qu'on doit chercher la cauſe de la tranſparence. Si dans un corps il y a quantité de pores qui ſoient remplis d'une matiere différente du corps même ; la Lumiere en le traverſant ſouffrira

* Deſcartes n'a jamais prétendu que ſa tranſparence provint de la ſeule grandeur, ou de la ſeule quantité des pores ; il vouloit auſſi que leur ſituation fut convenable, & il avoit raiſon. Ainſi lorſqu'on remplit d'eau ou d'huile les pores d'une feüille de papier, ſi elle devient diaphane, c'eſt parce que ſes pores ſont mieux diſpoſés qu'auparavant pour tranſmettre la Lumiere, & point du tout parce qu'ils ſont retreſſis ou diminués.

** En pulveriſant le verre on ne multiplie point ſes pores, au contraire on en diminue le nombre ; les plus grands interſtices ſont détruits par la trituration ; les plus petits reſtent, mais dans une diſpoſition peu convenable pour la tranſparence. L'opinion de Deſcartes ne perd rien à cela.

mille réfractions & mille réflexions incommodes qui lui ôteront son éclat. *

L'air cesse d'être transparent quand il est chargé de nuages, quoique dans cet état il soit plus leger que l'air serain, & par conséquent beaucoup plus poreux; son opacité ne vient alors que de ce qu'il est mêlé de parties hétérogenes, qui donnent la torture aux Rayons en les rompant & en les réfléchissant jusqu'au point d'éteindre leur Lumiere.

Par la même raison la piquante écume du Vin de Champagne, versé par une main adroite dans les délicieux repas de Paris, est opaque, quoique plus poreuse & plus légere que le Vin même.

* Cet article paroît un peu trop général; l'Auteur auroit dû le restraindre ou l'expliquer. Il vient de dire qu'une feuille de papier pénetrée d'eau acquiert de la transparence. Maintenant, il ajoûte, que si dans un corps il y a quantité de pores qui soient remplis d'une matiere différente du corps même, la lumiere s'éteindra en le traversant. N'est-ce pas là une contradiction manifeste ?

De-là on peut inferer que les Cieux ne sont pleins d'aucune matiere, quelque subtile & rare qu'on la suppose; quand même on supposeroit que toute celle qui rempliroit l'immense orbite de Saturne, n'ayant que les plus petits pores qu'on sçauroit s'imaginer, pourroit être serrée dans la main.

Quelle idée me présentez-vous, Monsieur? votre Newtonianisme est-il une Toison d'or dont on ne puisse faire la conquête que par des moyens étranges, & qu'en domptant mille monstres de l'imagination?

Croyez-vous, lui repliquai-je, que l'or cette substance précieuse, pour qui l'on fait & l'on souffre tant de choses, & dont la soif redouble dans nos cœurs à mesure qu'elle devroit s'appaiser; croyez-vous que l'or, dis-je, & le diamant, quoique doués d'une pesanteur considérable, ayent en eux-mêmes beaucoup de matiere? Vous seriez étonnée si l'on vous montroit combien ils en ont peu, & quelle est la grandeur du vuide dont ils sont entrecoupés, pendant que notre œil abusé les juge totalement pleins.

Le solide que contient un morceau de verre, est à l'égard de son étenduë ce qu'est un grain de sable à l'égard de notre Globle; c'est une chose merveilleuse de voir combien il y a peu de matiere dans le Monde; si vous le sçaviez au vrai, vous croiriez marcher sur du coton, & vous craindriez d'écraser la Terre sous vos pieds, quand ils seroient aussi légers que ceux de la fameuse Camille, ou de cette Danseuse brillante dont les aîles de l'Amour peuvent à peine suivre les pas, & à qui le Zéphyre ne peut dérober un baiser, que lorsqu'elle ne danse plus.

Quelque rare & subtile qu'on suppose la matiere des Cieux, la Lumiere, qui malgré sa vélocité incroyable employe suivant les derniers calculs six ans à venir des Etoiles jusqu'à nous, devroit s'éteindre entierement par les réfléxions & les réfractions, qu'elle seroit contrainte d'essuyer dans cet immense trajet ; tout de même qu'une Armée florissante diminuë & périt enfin dans des marches d'une longueur outrée, lorsqu'à chaque pas elle trouve des incommodités nouvelles.

Puisque vous le voulez, Monsieur, j'abandonne le Systême du plein ; je vois avec plaisir que les proprietés de notre Lumiere nous conduisent jusqu'à vuider le Ciel ; d'ailleurs ayant donné du mouvement au Globe de la Terre, nous ne ferons pas mal de lui ôter tous les embarras qu'elle pourroit rencontrer sur sa route.

Tout parle en faveur du vuide, insistai-je, tout nous annonce que les Rayons lumineux se noyeroient dans la matiere céleste ; les diffractions qu'ils y souffriroient, contribueroient encore à les éteindre ; comme elles doivent le faire dans les corps extrêmement poreux, & qui ont beaucoup de parties hétérogenes.

Il est surprenant qu'on trouve, s'il m'en souvient bien, dans les Notes de Perraut sur Vitruve, un endroit qui montre que le Commentateur François entrevit cette vérité, la *raréfaction*, dit-il, ou *l'éloignement des parties rend les corps opaques, parce qu'alors leur homogenéité s'altere, & qu'ils deviennent hétérogenes en se rarifiant.*

Il me paroît bien plus merveilleux, dit-elle, qu'il se soit trouvé un homme, qui ait vû & démontré clairement que les deux Phénoménes de la réfléxion, & de la réfraction ne sont que l'effet d'une même cause.

Les facilités, continuai-je, & les obstacles que la Lumiere trouve à passer d'un milieu dans un autre, sont presque dans le même cas; peut-être la Nature a-t'elle répandu autour des milieux un fluide très-subtil, très-prompt à se darder, & dans lequel la Lumiere en le frappant excite certaines ondulations, certain tremblement, comme une pierre dans l'eau, ou la voix dans l'air.

Peut-être, dis-je, que telle est là cause des facilités & des obstacles dont nous parlons ; si la Lumiere se trouve dans le creux des ondes du fluide, elle passe librement au travers, mais si elle rencontre leur sommet il doit la repousser ; nous pouvons croire que de-là viennent les *vicissitudes ou les accès des transmissions & des réfléxions plus ou moins soudaines* ; de-là vient qu'un Rayon est transmis dans un moment, & réfléchi dans un autre ; mais comme les Vibrations de ce fluide sont très-impétueuses, le Rayon nous paroît réfléchi & transmis en même-tems.

Nous voici parvenus aux confins de la Nature, où les idées s'obscurcissent, & où Dieu posa les barrieres de la science humaine ; barrieres que notre esprit ne sçauroit surmonter ; peut-être n'ai-je déja moi-même poussé que trop loin mon audace.

Sous la forme de questions Newton a proposé plusieurs choses qui sont vrai-semblablement les réduits secrets où la Nature s'enferme pour se dérober aux yeux des mortels ; l'Analogie entre les sons & les Couleurs, les étranges métamorphoses de la Lumiere en corps, & des corps en Lumiere, les doubles & merveilleuses réfractions du cristal d'Islande, du cristal de roche & de celui qu'on a découvert dernierement dans le Bresil, feront toujours des énigmes impénétrables pour le genre humain, puisque l'Œdipe Anglois n'a pas pû les deviner.

Quelle différence entre les modestes doutes de ce Législateur des Sages, & l'orgueil des Séducteurs de la multitude ? Ceux-ci nous promettent hardiment toutes les clefs du Temple de la Vérité ; les portes s'ouvriront devant eux ; les difficultés vont s'évanouir ; on ne trouvera que des roses sur le chemin. Tels sont dans un genre différent ces Charlatans ingénieux, qui par leurs nouveaux Systêmes de finances, dressent de tems en tems des embuches à l'avarice. On n'a qu'à les écouter, l'or des Indes & du Pérou passera tout entier chez la Nation dont ils prétendent faire la fortune.

Chacun prête l'oreille, chacun est attiré suivant son goût, l'illusion de l'espérance conduit les uns au Bureau, & les autres au lycée. Pour comble de malheur les débuts ont coutume d'être assez riants, le vent paroît d'intelligence avec le Vaisseau, qui sort du Port, & deux beaux yeux semblent encourager l'amour, lorsqu'on leur rend le premier hommage.

Par l'attrait des espérances changées en or, la Banque soutient quelque-tems sa réputation ; par des Préfaces très-sensées la Philosophie systématique soutient son honneur, mais on découvre bien-tôt qu'elle est plus heureuse à dissiper les erreurs anciennes, qu'à nous donner des vérités nouvelles.

Ceux qui sçavent se défier des

pieges, & s'en éloigner de bonne heure, trouvent dans cette circonspection un honnête accroissement de leur fortune, ou la guérison de leurs préjugés; mais il y a peu de ces hommes sages qui ne consument pas le présent à faire des projets pour l'avenir, & ausquels la prospérité d'aujourd'hui ne sert point de dégré pour tomber dans la misére de demain; l'illusion prevaut, les uns se trouvent enfin avec un portefeuille plein de billets sans valeur, & les autres avec la tête offusquée de Tourbillons & de Globules, fausse monnoye de la Philosophie.

Newton guidé par une expérience tardive, mais sûre, ne nous promet rien que la même expérience ne soit en état de nous donner; il s'arrête où elle l'abandonne; par elle il sçait distinguer le vrai d'avec le faux, & l'évident d'avec le probable; par elle il connoît dans l'étenduë de son esprit les bornes de l'esprit humain,

Les Rayons de la Lumiere, nous dit Newton, ne feroient-ils point par hazard des corpuscules de différentes grandeurs, dont les plus minces produiroient la Couleur violette, comme la plus foible & la plus obscure de toutes, & sur qui l'attraction du Prisme agit le plus puissamment en la détournant de son droit chemin.

N'en est-il pas de même de autres Couleurs, n'est-ce point cette proportion qui nous les fait paroître plus ou moins fortes, telles que l'azur, le verd, le jaune & le rouge, dont les corpuscules, suivant leurs grosseurs inégales, doivent se rompre avec plus ou moins de difficulté?

Il est certain que les Rayons de la Lumiere sont différens entr'eux quant à la Couleur, & quant à la réfrangibilité, aussi-bien qu'à l'égard de la force avec laquelle ils touchent notre organe; l'écarlatte éblouit la vûë, l'azur du Ciel l'ébranle avec une langueur flatteuse, le verd d'une prairie la récrée doucement,

Une seule de ces différences, interrompit-elle, auroit suffi à un Philosophe du commun pour établir franchement l'inégalité de grandeur dans les particules de la Lumiere, & toutes trois suffisent à peine au nôtre pour former une conjecture ...... Dans l'immense perspective du Monde, lui repliquai-je, il y a certains objets que nous voyons toujours enveloppés de brouillard, nous ne devons point nous flatter qu'aucun Télescope les éclaircisse à nos yeux; la modération de notre Philosophe qui n'osa jamais affirmer que des choses démontrées véritables, doit servir d'exemple aux plus téméraires. Porté sur les aîles de la Géométrie, il pouvoit prendre son vol au travers d'une quantité d'espaces, jusqu'alors impénétrables à notre curiosité; quel autre étoit plus en état que lui d'assaillir le Ciel & d'en rapporter le secret de la Nature.

L'étrange condition que la nôtre, ajouta

ajouta la Marquise ? nous sçavons quelle grosseur est nécessaire dans les particules d'un nuage pour nous réfléchir une certaine Couleur, mais qu'est-ce que cette Couleur que nous avons toujours devant les yeux ? à peine pouvons-nous le deviner par une conjecture foible & tremblante. Dans une chose nous avons des yeux de Lynx, & dans une autre nous sommes aveugles ; tantôt nos sens se raffinent plus qu'il ne sembloit permis de l'espérer ; tantôt ils nous manquent tous à la fois.

Madame, il s'est trouvé des gens qui ont cru que toutes nos incertitudes, tout le foible de nos Systêmes ne proviennent d'autre chose que de ce qu'il nous manque un sixiéme sens naturel ; si nous l'avions, peut-être qu'il nous développeroit beaucoup de secrets qui bravent les sens ordinaires que la Nature nous a donnés pour saisir les objets extérieurs, nous cesserions de joüer le malheureux rolle de Tantale, & la vérité ne nous échaperoit plus.

Qui sçait si de même qu'il y a parmi nous certains animaux, lesquels en vertu d'un sens que nous ne connoissons peut-être pas, prévoyent le changement des saisons & les approches du matin, & sans avoir lû Dioscoride ni d'autres Botanistes trouvent entre mille plantes l'herbe salutaire dont ils ont besoin pour guérir leurs blessures; qui sçait, dis-je, si dans un autre Systême, par exemple dans le Monde de Jupiter, il n'y a pas des êtres vivans, qui plus éclairés que nos Philosophes, distinguent la masse & la figure des particules propres à peindre telle ou telle Couleur, & voyent comment sans cordes & sans arpons leur Planete peut attirer Saturne à une distance de plus de trois cent cinquante millions de mille?

En revanche, si les habitans d'une Planete qui n'est point désolée par les fureurs de la guerre, ignorent les douceurs de l'Amour, si tout est justement compensé dans la Nature, ainsi que le croit l'agréable Historien de ces Mondes ; les Peuples qui voyent la secrette cause des Couleurs manquent peut-être d'un sens propre à joüir de leur plus belle harmonie sur le tein de leurs Philis ; ils connoissent les attractions des corps planetaires, & n'ont peut-être aucune idée de ces attractions si flatteuses qui nous entraînent vers des plaisirs préférables aux spéculations des Philosophes.

Mais quoi qu'il en soit de cette spéculation-ci, qui est peut-être la plus vaine de toutes, notre intérêt ne nous permet pas de jetter des regards trop perçans sur nos défauts, ne soyons point ingénieux à nous tourmenter nous-mêmes; nous ne manquerons ni de belles Observations, ni de Plaisirs, pourvû que nous nous servions bien des sens qui nous sont tombés en partage. Vous ne sçavez que par conjecture en quoi consistent les Couleurs & la Lumiere, & cependant vous pourrez trouver des personnes qui diront que vous en sçavez plus qu'il ne convient à une Dame, j'en serai la cause, moi, qui sur trois ou quatre Vers vous ai fait un Commentaire si long, qu'il suffiroit pour un grand Poëme sur notre Philosophie; par bonheur pour elle vous dissimulerez de tems en tems, & vous joindrez la Science du Monde à la Science de la Physique.

Comment donc, Monsieur, j'en sçais déja tant qu'il faut que je m'étudie à paroître ignorante; quoi, je puis dès-à-present m'appeller Newtonienne?

Vous avez fait, Madame, une Abjuration solennelle de vos erreurs Philosophiques, la Lumiere du Newtonianisme a dissipé les phantômes Cartésiens qui vous fascinoient la vûë; oüy, vous êtes Newtonienne, & vous le serez avec un grand avantage pour la vérité ; Je veux un jour écrire l'Hiſtoire de la belle conquête que je viens de lui procurer, & je ſuis certain que ſi je ſçais vous dépeindre telle que vous êtes, mon Livre trouvera quantité de Lecteurs, & la ſaine Phyſique beaucoup de Partiſans; vous ſerez la Venus qui prêtera ſa Ceinture à cette auſtére Junon pour la rendre aimable aux yeux des hommes.

FIN.

TABLE
DU SECOND TOME.

La Lettre N. *marque les Notes.*

A

B.

C.

D.

E.

H.

I.

K.

L.

M.

N.

O.

P.

Q.

R.

S.

T.

V.

Y.

Z.

FIN de la Table du Tome II.

ERRATA

DU SECOND TOME.

P*Age* 2 *ligne* 6 Philofohie, *lifez* Philofophie
P. 6 *l.* 5 mifes, *lifez* mis
P. 34 *l.* 16 fa propre, *lifez* fa pourpre
P. 76 *l.* 19 tels, *lifez* tel
P. 100 *l.* 5 n'eft n'eft, *lifez* n'eft
P. 108 *l.* 2 rembrumir, *lifez* rembrunir
P. 124 *l.* 3 cet eau, *lifez* cette eau
P. 162 *l.* 15 fut, *lifez* fut
P. 163 *l.* 14 il s'enfuit, *lifez* il fuit
P. 226 *l.* 17 mutelle, *lifez* mutuelle
P. 234 *l.* 5 de la Chapelle, *l.* de Chapelle
P. 242 *l.* 13 la même, *lifez* le même
P. *ibid.* *l.* 19 les bords mêmes, *lifez* les bords
P. 244 *l.* 1 contraire, *lifez* contraires
P. 252 *l. derniere* immoble, *lifez* immobile
P. 260 *l.* 3. gagures, *lifez* gajures
P. 303 *l.* 10 de autres, *lifez* des autres

www.ingramcontent.com/pod-product-compliance
Ingram Content Group UK Ltd.
Pitfield, Milton Keynes, MK11 3LW, UK
UKHW020202250726
13967UKWH00003B/1213